写给青少年的人工智能

实践

核桃编程 著

人民邮电出版社

北京

图书在版编目（C I P）数据

写给青少年的人工智能. 实践 / 核桃编程著. -- 北京 ： 人民邮电出版社，2022.8
ISBN 978-7-115-59088-6

Ⅰ．①写… Ⅱ．①核… Ⅲ．①人工智能－青少年读物
Ⅳ．①TP18-49

中国版本图书馆CIP数据核字(2022)第056760号

内 容 提 要

　　这是一本写给青少年看的人工智能科普图书，目的是帮助青少年启蒙科学素养，开阔科学视野，培养科学思维，锻炼动手能力，让小读者了解人工智能的过去、现在和未来，从而更好地融入人工智能时代。通过阅读本书，小读者不仅能学习 Python 语言的基本使用，还可以从数据、算法等多个角度来一探人工智能的奥秘。所有这些都旨在激发孩子们的好奇心，帮助他们体会科学研究应具备的精神。

　　本书用了大量形象的比喻，用贴近青少年生活的案例作类比，把书中的抽象概念和难点以诙谐幽默的手绘插画形式诠释出来，力求让小读者读得懂、喜欢读。

　　本书从"如何实现人工智能"出发，讲述了最流行的人工智能编程语言之一——Python 语言的基本使用，帮助小读者初步学习一种获取数据的重要手段——网络爬虫，学习如何进行简单的数据处理，了解什么是算法，体验简单的人工智能算法，领略算法的魅力。当然，最终还会指导小读者一行行地亲手写出代码，在计算机上运行自己写出的人工智能程序。全书从多个角度打开了人工智能的大门，让小读者得以窥见门内的风景。

◆ 著　　　　核桃编程
　　责任编辑　吴晋瑜
　　责任印制　王　郁　焦志炜
◆ 人民邮电出版社出版发行　　北京市丰台区成寿寺路 11 号
　　邮编　100164　电子邮件　315@ptpress.com.cn
　　网址　https://www.ptpress.com.cn
　　北京印匠彩色印刷有限公司印刷
◆ 开本：889×1194　1/20
　　印张：7.8　　　　　　　　　2022 年 8 月第 1 版
　　字数：108 千字　　　　　　　2025 年 4 月北京第 2 次印刷

定价：59.00 元

读者服务热线：(010)81055410　印装质量热线：(010)81055316
反盗版热线：(010)81055315

参与本书编写的成员名单

内容总策划： 曾鹏轩　王宇航

执 行 主 编： 庄　淼　丁倩玮　陈佳红　孔熹峻

插　画　师： 闫佩瑶　林方彪　黄昱鑫　王晶宇

致小读者

　　小读者们，大家好！我是"核桃编程"的宇航老师。提到"人工智能"（AI），你会想到什么呢？是能听懂你说话的智能音箱语音助手，还是能打败围棋世界冠军的 AlphaGo？是无人驾驶汽车，还是科幻电影里的超能机器人？相信你一定会浮想联翩。人工智能已经渗入我们生活、学习中的方方面面。

　　为什么这些各不相同的东西都叫作"人工智能"？在《写给青少年的人工智能　起源》一书中，我们探讨了"什么是人工智能"，并沿着人类使用工具的历史，回顾了原始工具以及人工智能的开端——达特茅斯会议，细数了近几十年来人工智能领域的重要发明创造。

　　那么，科学家们又是怎样研究出这些人工智能产品的呢？在《写给青少年的人工智能　发展》一书中，我们仿佛"进入"了科学家的大脑，沿着他们研究问题的思路，"亲身经历"了人工智能发展的过程，并最终了解了几种常用的研究人工智能的思路：让机器学会推理，用机器构建大脑，让机器适应环境，等等。

经过几十年的努力，科学家们"八仙过海，各显神通"，研究出了各种各样的人工智能产品，将人工智能技术应用到了生活、医疗、艺术、农业、商业等领域。在《写给青少年的人工智能　应用》一书中，我们选取人工智能在各行各业典型而有趣的应用，让你了解现在的人工智能到底"智能"到了什么程度、"智能"体现在了哪些方面。

到这里，你应该对人工智能的起源、发展和应用有了一定的了解，有没有一种跃跃欲试想要参与其中的想法呢？别急，本书会带你动手试一试，引导你试着开发一些属于自己的人工智能程序，让你从实践中体会其奥妙。

最后，还要告诉你一件好玩儿的事。为了让小读者读得懂、喜欢读，我们把人工智能科学中不好理解的名词和概念，尽可能用形象的比喻或者贴近生活的

类比加以解释，把抽象的知识点用风趣幽默的手绘插画加以诠释。插画中的这些

角色可都是"核桃世界"的动漫明星呦，快去和他们打个招呼吧！

小读者们，快来开启你的人工智能启蒙之旅吧！

核桃编程联合创始人　王宇航

目 录 / Contents

人工智能的身体

 禾木： 小核桃，快快快，我们开始创造人工智能吧！我要创造一个能认出我的人工智能！

 桃子： 我也要！我要创造一个有艺术气息、能写诗的人工智能！

 小核桃： 好啊，不过别着急，在真正创造人工智能之前，我们必须先做一些准备工作。计算机的智能来自人类的指令，因此我们必须学会如何给计算机下达命令。

什么是编程语言

为什么冷冰冰的机器能够按照人类的想法工作，甚至变成聪明的人工智能？相信读过前三册书的同学心里一定已经有了答案。不是因为机器聪明，而是因为人类把每一步要做什么都写成一条条指令，"告诉"了计算机。计算机只要根据指令按部就班地去执行、去计算，就可以表现得"机智过人"。对于这些告诉计算机该怎么做的指令，我们称之为计算机程序，即通常所说的代码。计算机程序就是把计算机需要做的事一步步地精确描述出来。编写程序，或者说编程、写代码，就是在给计算机下达命令。

我们平时在计算机、手机等硬件载体上使用的各种软件、App 或者聪明、强大的人工智能程序，都是通过编程实现的。也可以说，程序代码构成了人工智能软件产品的"身体"。

如果给这些软件穿上机械的外衣，用软件控制各种机器，就有了扫地机器人、无人驾驶汽车等人工智能硬件产品。

总而言之，掌握编程是创造人工智能产品不可或缺的技能。

不过，计算机可不懂人类的话。想要让计算机理解人类的指令，必须使用计算机的语言，也就是程序语言。

人类的语言有汉语、英语、日语、法语等，计算机的语言同样种类繁多。你可能听说过 C 语言、Java 语言、C++ 语言，这些都是很热门的程序语言，如图 1-1 所示。

图1-1　与人类的语言一样，计算机语言也是种类多样的

这些语言具有不同的特点，适用于不同的场合。比如，C语言和C++语言，它们的特点是性能很强。用C语言和C++语言写成的程序，运行时效率非常高。但是要把这两种语言用好可不是一件容易的事，不仅编写起来麻烦，还容易出错。Java语言虽然性能稍微弱一点，但使用起来很方便，更重要的是，Java语言写成的程序可以很方便地在计算机、手机等不同的平台之间迁移。

Python同样是一门程序语言，使用非常方便，很受欢迎。表1-1展示了一些常用的编程语言，包括很多同学听说过甚至学过的Python语言。

表1-1　2021年8月流行度排名前五的编程语言

排名	编程语言	流行度	对比上月
1	C	12.57%	↑0.95%
2	Python	11.86%	↓0.91%
3	Java	10.43%	↓0.74%
4	C++	7.36%	↓0.65%
5	C#	5.14%	↑0.31%

什么是 Python 语言

Python的发明者是一位荷兰籍程序员，名叫吉多·范罗苏姆（Guido van Rossum）。他曾在荷兰数学和计算机科学研究学会工作。1989年12月，范罗苏姆思考一个问题：该干点什么来度过长达一周的圣诞节假期呢？他思来想去，决定开发一种新的程序语言！它就是Python。当然，想在一周之内完成这么复杂的任务，确实不太可能，假期结束后，范罗苏姆继续为此努力，并在1991年以开源形式发布了Python的最初版本（Python 0.9.0）。2021年8月，Python语言3.10版本基本上开发完成，有成千上万名优秀的程序员参与了这个项目，为它做贡献。

趣闻　什么是开源?

"开源"是"开放源代码"的简称。对于常见的大部分软件，我们只有使用权，但是并不知道内部的程序代码是如何编写的——这种软件称为闭源软件。有些程序员写好软件之后，乐于公开源代码，既能让所有人都了解软件的运行原理，也能让更多的人和他合作，一起让软件变得更好用——这种软件就是开源软件。计算机领域得以飞速发展，一个重要的因素就是有无数愿意投身开源活动的程序员。很多非常重要的软件、方法都是在开源活动中诞生的。

Python这个单词的原意是"大蟒蛇"，之所以选择这个名字，不是因为范罗苏姆希望这门新语言会像大蟒蛇一样强壮、有力，而是因为他特别喜欢看一部名为《巨蟒剧团之飞翔的马戏团》的电视剧。

Python 对人工智能有什么好处

  Python语言非常简洁、方便。与大名鼎鼎的C语言相比，C语言要求程序员改变人的思维去适应计算机，而Python正好相反，这门语言非常贴近于人的思维习惯。好的Python程序就像一个极其严谨的人（用英语）在说话，因此非常容易理解。简言之，使用Python语言可以让你集中精力解决问题，而不是费劲地琢磨写程序的规则。这也是为什么Python在人工智能领域这么流行——实现人工智能本来就已经很难了，当然要在写代码上省点力了。

  不过，Python语言也有一些缺点，比如用Python写成的程序运行起来往往会慢一些。而人工智能通常需要进行大量计算，所以我们会希望程序运行得更快。好在Python语言还有另一个优点，它可以很方便地调用以其他语言写就的程序段。我们可以先把计算量非常大、需要快速运行的部分用性能更强的C语言等写好，然后使用Python写出总体结构，对C语言模块进行调用，这样就能既写得快，又算得快了！因为这个特点，Python被戏称为"胶水语言"，就好像用胶水把各种零件迅速、方便地粘起来，如图1-2所示。

图1-2　Python被戏称为"胶水语言"

由于Python简单好用，在人工智能领域，已经有非常多的人为Python这瓶"胶水"写了很多好用的"零件"（我们通常将其称为 Python库），并遵循开源精神把它们分享出来，让更多的人一起使用。这也让Python变得更加好用了。

趣闻 *Python之禅*

另一位对Python语言的开发做出很大贡献的程序员蒂姆·彼得斯（Tim Peters）写了一首小诗来描述Python语言写成的程序应该是什么样的。

Python之禅	The Zen of Python
优美而不丑陋，	Beautiful is better than ugly.
明了而不隐晦，	Explicit is better than implicit.
简单而不复杂，	Simple is better than complex.
复杂而不凌乱，	Complex is better than complicated.
扁平而不嵌套，	Flat is better than nested.
稀疏而不稠密，	Sparse is better than dense.
可读性很重要，	Readability counts.
即使实用比纯粹更优，	Special cases aren't special enough to break the rules.
特例亦不可违背原则。	Although practicality beats purity.
错误绝不能悄悄忽略，	Errors should never pass silently.
除非它明确需要如此。	Unless explicitly silenced.
面对不确定性，	In the face of ambiguity,
拒绝妄加猜测。	refuse the temptation to guess.

任何问题应有一种，

且最好只有一种，

显而易见的解决方法。

除非你是荷兰人，否则这方法
一开始并非如此直观。

做总比不做强，

但是冒失去做还不如不做。

很难解释的，必然是坏方法。

很好解释的，可能是好方法。

命名空间是个绝妙的主意——
我们应好好利用它！

There should be one——and preferably only
one——obvious way to do it.

Although that way may not be obvious at
first unless you're Dutch.

Now is better than never.

Although never is often better than *right*
now.

If the implementation is hard to explain, it's
a bad idea.

If the implementation is easy to explain, it
may be a good idea.

Namespaces are one honking great idea——
let's do more of those!

Python 安装

要编写Python程序，首先需要安装Python，并安装合适的开发工具。这里我们介绍两种常用方式：第一，直接安装原生Python，并利用Python自带的IDLE开发工具进行编程；第二，使用集成开发环境Thonny。

Python软件的安装与操作系统有关，在使用时，部分情况也会根据操作系统有所

不同。在本书中，我们主要以Windows 10系统为例进行介绍，也会提及macOS或其他系统。

直接下载安装Python

安装Python最简单的方法是直接从官网进行下载。打开Python官方网站，将鼠标指针移动到"Downloads"上，这时界面上会自动显示最新稳定版Python的下载按钮，并根据你的计算机安装的是Windows系统还是macOS系统自动匹配。在编写本书时，适合Windows 10系统的Python最新稳定版本是3.9.6。单击"Python 3.9.6"按钮即可下载，如图1-3中的橙色箭头所示。

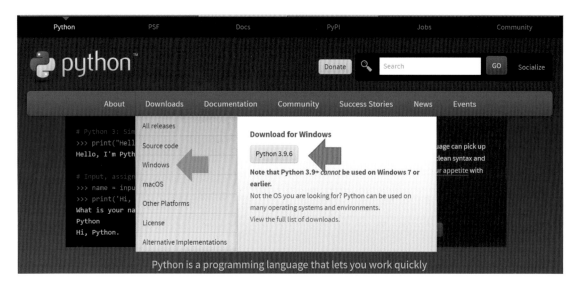

图1-3　下载Python 3.9.6

如果你的计算机安装的是更早版本的Windows系统，比如Windows 7，就需要单击"Downloads"菜单的"Windows"选项（见图1-3中的蓝色箭头），打开下载版本选择页面，如图1-4所示。

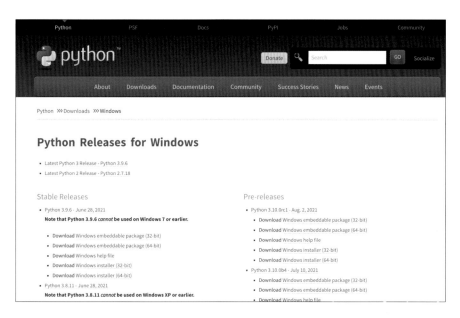

图1-4　Python官网的下载版本选择页面

在版本选择页面找到"Python 3.8.10 – May 3, 2021"（未在图1-4中显示），根据自己的计算机系统是32位还是64位，在后两个选项中选择下载，32位对应橙色箭头32-bit，64位对应蓝色箭头64-bit，如图1-5所示。

图1-5　Python 3.8.10 – May 3, 2021

如果你不知道自己的计算机系统到底是多少位，那么可以在"开始"菜单中找到"计算机"，单击鼠标右键，然后在弹出的菜单中选择"属性"（见图1-6），就可以在

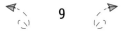

"系统"类型条目中看到准确的信息（见图1-7）。

图1-6　Windows 7系统的"开始"菜单

图1-7　计算机属性中的"系统"类型

如果用的是Windows XP等更低版本的操作系统，那么请先升级系统，以免书中的有些内容无法实现。

下载完成后，运行Python 3.9.6安装程序。勾选下方的两个复选框，然后单击"Install Now"，如图1-8所示。如果你对计算机和Python有比较多的了解，也可以选择"Customize installation"，自行设置安装选项。

图1-8　安装Python

等待一段时间后，安装程序会提示安装成功。单击"Disable path length limit"，然后单击"Close"按钮，即可完成安装，如图1-9所示。

图1-9　安装成功

安装好Python后，你就可以用Python自带的IDLE来编写Python程序了。

在"开始"菜单中找到Python 3.9文件夹，打开IDLE，如图1-10所示，你就可以开始编写Python程序了。如果你的计算机安装的是macOS系统，你可以在启动台找到IDLE。

图1-10 在"开始"菜单中找到IDLE（Windows 10系统）

图1-11所示的这个界面称为IDLE Shell，又称为交互模式。你在这个界面中直接输入Python代码，然后就可以看到所返回的结果了。

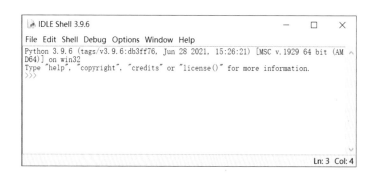

图1-11 IDLE Shell窗口

使用 Thonny 编写 Python

Thonny是一款面向Python语言初学者的开源集成开发环境，使用起来非常方便。请先打开Thonny官方网站，如图1-12所示。

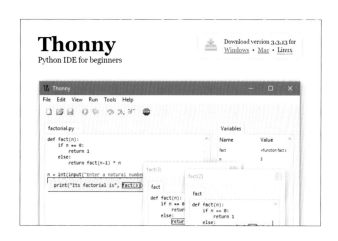

图1-12　Thonny官方网站

在页面右上角，请根据你的计算机所安装的操作系统选择相应的选项（如Windows），就可以下载最新版的Thonny了。在写本书时，Thonny的最新版本是3.3.13。

下载完成后，运行安装程序，可能会弹出"Select Setup Install Mode"对话框，选择"Install for me only（recommended）"，如图1-13所示，就可以正式开始安装了。

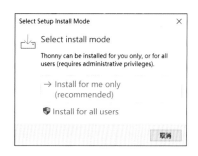

图1-13　选择安装模式

 13

按照页面提示，单击"Next"按钮，如图1-14所示。

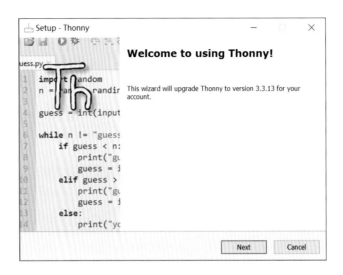

图1-14　欢迎安装页面

在下一个页面中，选择"I accept the agreement"，然后单击"Next"按钮，如图1-15所示。

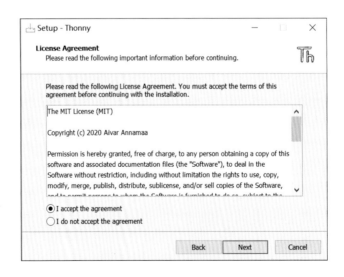

图1-15　选择接受协议

在图1-16所示的页面中，勾选"Create desktop icon"，然后单击"Next"按钮。

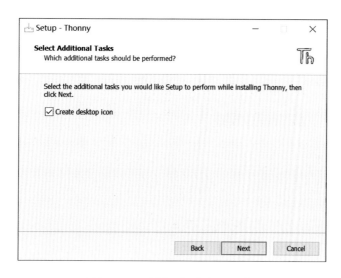

图1-16　选择生成桌面图标

最后，单击"Install"按钮，如图1-17所示。

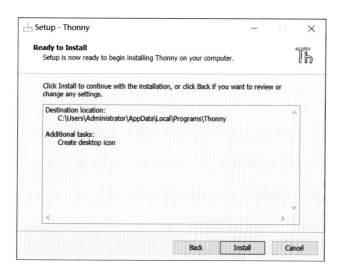

图1-17　准备安装界面

查看图1-18所示的进度条，待出现图1-19所示的"Great success！"提示，单击"Finish"按钮，安装就结束了。

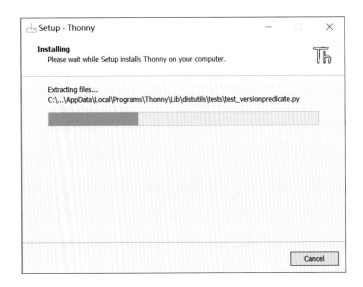

图1-18　查看进度条

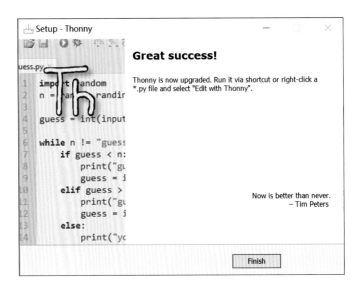

图1-19　安装结束

如果要取消安装，请单击图1-18中的"Cancel"按钮。安装完成后，Thonny的快捷方式图标会出现在桌面上，如图1-20所示。双击图标，就可以进入Thonny编写Python程序了。

图1-20 Thonny的快捷方式图标

Thonny的界面并不复杂。除了上文提到的菜单和按钮，界面主要分为3个部分。我们现在主要关注图1-21所示的"Shell"区域：它和前面介绍的IDLE主界面作用相同，都是交互模式。你可以在这里输入代码，按"Enter"键就可以马上得到结果。

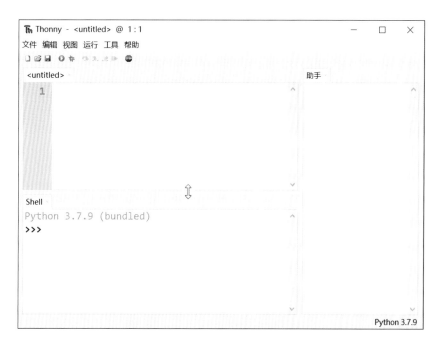

图1-21 "Shell"区域

如果你觉得"Shell"区域太小，可以将鼠标指针移动到分界线上，待其变成像图1-21中这样的上下箭头，就可以通过上下拖动箭头来改变"Shell"区域的大小了。

Thonny比IDLE更加美观，还有一些便捷功能。虽然Thonny 3.3.13版本自带的Python（3.7.9）不是最新的版本，但是这并不影响你编写本书的程序。你也可以同时安装原生Python的IDLE和Thonny，在默认情况下，它们互不影响。

照猫画虎学 Python

如果你学过Python语言，就再好不过了，你完全可以跳过本节内容，直接阅读第2章。如果你没有接触过Python语言，也不用担心，因为接下来我们会简明扼要地介绍Python语言的基本用法。

不过，本书的目的不是面面俱到地介绍Python语言。我们会简单地讲述后文要用到的Python基础功能，而不会完整地讲述这门语言的方方面面。如果你想真正深入完整地学习Python语言，那么最好再选择一本专门的Python图书，或者系统学习一些Python课程。

学习绘画或书法，往往是从临摹开始的；做数学题，也总要先研究例题；学习Python或者其他编程语言，也可以从模仿开始。本书会给出一些示例代码，以供你复制到自己的计算机上，并思考为什么这样的代码会得到这样的结果。

程序是非常严谨的语言，所以如果你是第一次了解编程，输入时一定要注意，在复制代码时，输入的内容一定要和书中代码完全一样。不论是字母还是符号，都要在英文状态下输入，否则程序可能会出现错误。

理解了书中给出的例子，你就可以对这些代码进行一定的修改，然后推测修改后的结果，最后运行程序，看看和你的推测是否一样。如果你能按照自己的想法修改代码，得到想要的结果，就说明你基本掌握了所用到的知识点。

由于我们的目的不是全面地学习Python，因此书中的示例代码会尽可能少地使用Python的各种特性，所以每一段代码都可以进一步改进。等你对Python有了更多的了解，再尝试优化书中的程序吧！

Python 初体验——Hello world

新手程序员们编写的第一个程序通常是"在屏幕上输出Hello world"。

在Python中，要完成这个操作非常容易。在IDLE或Thonny的Shell（交互模式）中，按照程序1.1输入代码，然后按Enter键运行程序并查看效果。其中，">>>"是已显示在Shell窗口中的，不需要输入。注意，请在英文输入法状态下输入引号。请仔细观察你输入的英文引号和中文引号，看看是不是不太一样？

注：由于不同计算机上安装的字体库可能不同，你看到的引号的样子可能会和本书上出现的有所区别，请以实际情况为准。

程序1.1 输出Hello world

```
>>> print("Hello world")
```

如果没有输入错误，那么"Shell"区域会在下一行显示：

`Hello world`

效果如图1-22和图1-23所示。

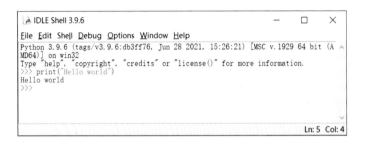

图1-22　IDLE交互模式的"Hello world"

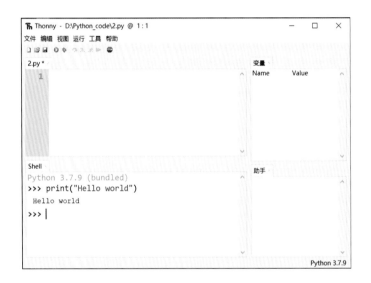

图1-23　Thonny交互模式的"Hello world"

如果你看到了图1-24中的红色提示，那么说明代码编写有误。提示的意思是说`pirnt`这个名字没有被定义，这是由拼写错误导致的，`print`错拼成了`pirnt`。

图1-24　代码拼写错误

如果你使用Thonny，就会在Thonny界面右侧的助手窗口看到更清晰的英文提示。如果觉得提示用处不大，也可以单击"×"关掉它。

在后文中，如果要在Shell（交互模式下）区域中运行程序，我们也会用>>>作为前缀来表示输入的代码，而没有前缀的就是显示的结果。也就是说，你在本书中看到的内容和你在计算机的Shell区域中看到的内容大致相同。

print()这段代码的作用是把括号中的内容显示到屏幕上。这样有特定功能的代码称为函数，括号中的内容就是函数的参数。你可能还注意到了，Hello World外面还有一对引号，但这对引号并没有显示在屏幕上。引号表示Hello World是一个字符串，就像我们写在纸上的字一样，如图1-25所示。

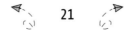

图1-25　函数的构成

你也可以把引号中的内容换成别的内容试试效果，比如把英文换成数字或中文，如程序1.2所示。

21

人工智能的身体

程序1.2　print()练习

```
>>> print("1+1=2")
1+1=2
>>> print(1+1)
2
>>> print("你好，世界。")
你好，世界。
>>> print(3,"Python",3+8)
3 Python 11
```

注意，引号一定是成对出现的，引号之间可以包含中文符号。如果想一次显示多个内容，可以用"，"（英文逗号）分隔，相应地，这些内容在显示时会被空格分隔开。

自动补全功能

无论是IDLE还是Thonny，都支持代码的自动补全/自动完成功能。只要你输入代码词汇（如print）的一部分，然后按键盘上的Tab键，Python就可以自动把单词补充完整。注意，自动补全功能针对的是代码词汇，而不是英语词汇。

对于只有一种补全方式的情况，比如当你输入pri（只能被补全成print）并按下Tab键，Python会直接把它变成print。如果有多种补全方式，比如只输入pr并按下Tab键，就会弹出候选菜单，让你选择采用哪种方式补全，如图1-26所示。你可以用鼠标选择需要的选项，不过更常用、更方便的方法是用键盘的上下键选择，然后按Tab键确认（IDLE中需要按两次Tab键确认）。自动补全功能大大提高了我们的输入效率，也减轻了我们记住那些复杂的Python代码词汇的负担，还能减少拼写错误（也许你已经有过把print错拼成pirnt的经历了）。

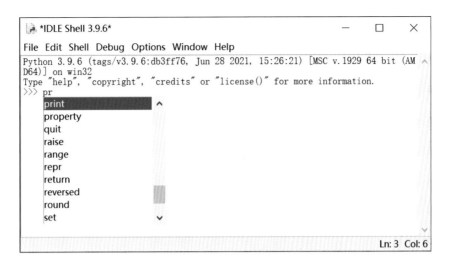

图1-26　IDLE Shell的自动补全功能

Python 中的空格

在"Shell"区域输入代码时，如果你看到了像下面一样的错误提示，那么通常是由在代码的开头不小心输入了<u>空格</u>所导致的。

```
这里多了一个空格
    ↓
>>>  print(1)
  File "<stdin>", line 1
    print(1)
    ^
IndentationError: unexpected indent
```

其实Python语言中，每行开头的空格非常重要，因为它决定了程序的<u>逻辑关系</u>。在Shell中，我们一般不需要在开头输入空格。

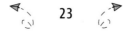

用 Python 作为计算器

计算机最基础的功能就是计算。常见的数学运算都可以用Python语言运行，因此你完全可以把Python当成计算器来使用。程序1.3就是数学运算符在Python中的写法。

程序1.3　数学运算符示例

```
>>> 10 + 20                          # 加法 +
30
>>> 10 - 20                          # 减法 -
-10
>>> 10 * 20                          # 乘法 ×
200
>>> 9 / 2                            # 除法 ÷
4.5
>>> 10 % 3                           # 返回除法的余数，在编程中通常称为取模
1
>>> 2 ** 3                           # 幂（乘方），2^3
8
>>> 9 // 2                           # 向下整除，得到小于商4.5的最大整数4
4
>>> -9 // 2                          # 得到小于商-4.5的最大整数-5
-5
```

除了加减乘除，比较大小同样是常用的数学运算，这就要用到比较运算符。比较运算的结果不是数字，而是逻辑上的真（True）和假（False），如程序1.4所示。True和False同样是一种数据，也可以储存在变量中。在后文介绍Python中的数据类型时，我们会进一步介绍Python中逻辑上的真和假。

程序1.4 比较运算符示例

```
>>> 2 > 1                    # 判断是否大于 ，2>1得到真
True
>>> 2 < 1                    # 判断是否大于，2<1得到假
False
>>> 3 >= 3                   # 判断是否大于或等于≥，3等于3所以3>=3得到真
True
>>> 3 <= 3                   # 判断是否小于或等于≤
True
>>> 3 == 3                   # 判断是否相等
True
>>> 3 != 3                   # 判断是否不相等，3等于3所以得到假
False
>>> 3 != 4                   # 3不等于4，所以得到真
True
```

还有一种运算是逻辑运算，也就是真和假两种逻辑值之间的计算。在《写给青少年的人工智能 发展》一书中，我们介绍过逻辑运算"异或"。本书常用的逻辑运算有三种，分别是逻辑与（and）、逻辑或（or）和逻辑非（not）。

逻辑与（and）的含义类似于我们平时说话时的"且"。如果我们说"禾木是编程比赛冠军且桃子是数学比赛冠军"，那么两件事都是真的，这句话才是真的。也就是说，逻辑运算 A and B，必须A和B都是True，才能得到True，否则就得到False。

逻辑或（or）就是日常用语中的"或"。"禾木是编程比赛冠军或桃子是数学比赛冠军"，那么不管是禾木是冠军、桃子是冠军，还是两个人都是冠军，只要两个冠军有一个是真的，这句话就是真的。也就是说，对于逻辑运算A or B，只要A和B中有任意一个是True，结果就是True。只有A和B都是False，结果才是False。

逻辑非（not）的含义很简单，就是得到一件事是真假的相反值。对于not A，如果A是True，那么结果就是False，反之结果就是True。逻辑运算符的示例如程序1.5所示。

程序1.5 逻辑运算符示例

```
>>> 2 > 1 and 2 < 1          # 逻辑与and，"真and假"得到假
False
>>> 2 > 1 and True
True
>>> 2 > 1 or 2 < 1           # 逻辑或or，"真or假"得到真
True
>>> x = False
>>> not x                    # 逻辑非not，"not假"得到真
True
```

在Python中，除了这些最基本的运算符，还有很多其他运算符，如果后面用到，我们会再进行介绍，你也可以自行查阅有关资料。

像数学运算要先算乘除、后算加减一样，Python运算符也有运算顺序，在编程中我们一般称为优先级。表1-2列出了常用运算符的优先级，从上到下，优先级依次下降，同一行优先级相同。

表1-2 常用运算符的优先级

运算符	优先级描述
**	幂（优先级最高）
*，/，%，//	乘，除，求余数和取整除
+，-	加法，减法
<=，<，>，>=	判断大小的运算符
==，!=	判断是否相等的运算符
=	赋值运算符（后文会进行介绍）
not，and，or	逻辑运算符

另外，和数学一样，括号中的内容是最先被计算的。如果你不确定运算符会先算哪一个，那么最好的方法就是加括号。不过在Python中，起到这个作用的只有圆括号()，也就是数学中的小括号。所以如果你想表达的运算逻辑比较复杂，可能就需要括号套括号来上好几层，这种时候就免不了有些眼花。比如下面这样（结果是34359738368.0）：

```
18//((1+2)*3/4**((1+3)*5-3))
```

数学中的中括号 [] 在Python中一般称为方括号，有其他作用，详见后文。

变量

在程序中，我们可以直接使用各种字符串、数字等数据。但是如果要对不同的数据进行很多次相同的操作，那么直接使用数据本身就显得比较烦琐。

在各种方程式中，我们常用不同的字母来代表数字，而对于具体的数值，则可以任意代入。在编程中，我们也可以采用类似的方式，即用变量来存储数据。例如，对于Hello world程序，我们也可以按照程序1.6所示的这样写。

程序1.6　使用变量

```
>>> a = "Hello world"
>>> print(a)
Hello world
```

程序1.6的效果和程序1.1是一样的。这里的a就是变量，a = "Hello world"这句代码的作用就是将字符串 "Hello world" 这条数据存储在a中，这个过程称为赋值，变量中存储的内容称为变量的值。

首次给变量赋值，就是新建这个变量，这通常称为声明变量或定义变量。定义好变量后，在后面输入时，我们也可以使用自动补全功能。

变量赋值中的"="并不是数学中的等号（虽然它们的外观和输入方式一样），而是一个表示赋值操作的符号，称为赋值运算符，表示把"="后边的内容存储到前面的变量中。"="右边既可以是数字、字符串等数据，也可以是一个数学表达式等需要计算的内容，比如 a = 1 + 1，那么变量 a 的值就是 2，如图 1-27 所示。

$$a = \texttt{"Hello world"}$$

数据

$$a = 1 + 1$$

函数　　赋值　　　表达式
　　　运算符

图1-27　赋值语句的代码成分

你可以把变量视作一个可以装各种东西的盒子。如果你在盒子里装入苹果，放在桌子上，那么当你和别人说"帮我把桌子上的盒子拿过来"时，对方自然就会递给你这个装有苹果的盒子，而不是大费周章地把苹果拿出来，把空盒给你。可千万不要像图 1-28 中的禾木那样把苹果吃掉了。

图1-28　使用变量（就是使用变量的值，而不是把变量清空）

同时，你可以随时把袋子中的东西扔掉，换上别的东西，也就是给变量重新赋值。例如程序1.7中，变量b中的数据先是字符串"你好，世界！"，然后变成数字2。你还可以把变量理解为一个可以贴在任何数据上的标签，然后就能用这个标签来称呼所用的数据了。

程序1.7 变量赋值

```
>>> b = "你好，世界！"
>>> print(b)
你好，世界！
>>> b = 1+1
>>> print(b)
2
```

在赋值过程中，计算机会先计算出等号右边的结果，然后将其赋值给等号左边的变量。在数学中，x=x+1是一个没有解的方程，但是在Python编程中，它是有意义的，表示把x的值+1，然后重新赋值给x，如程序1.8所示。

程序1.8 变量自增

```
>>> x = 1
>>> x = x + 1
>>> print(x)
2
```

第一行将变量x赋值为1，因此第二行等号右边的变量x为1，1+1得到结果2，将结果2重新赋值给x，最后变量x的值就变成了2。

在Python中，我们可以一次为多个变量赋值。比如，a = b = c = 1可以将变量a、b、c都赋值为1。又如，a, b = 2, 3 就可以将变量a赋值为2，将变量b赋值为3。还可以用一个变量来为另一个变量赋值，比如当变量a的值为1时，那么b = a 可以将变量b赋值为1。我们可以用a, b = b, a方便地交换两个变量的值。程序1.9 展示了这几种情况。

程序1.9　变量赋值在Python中的示例

```
>>> a = b = c = 1              # 使用连等号=给多个变量赋相同的值
>>> print(a,b,c)
1 1 1
>>> a, b, c = 2, 1, 3*5        # 使用逗号，给多个变量分别赋值
>>> print(a,b,c)
2 1 15
>>> c = a                      # 用一个变量给另一个变量赋值
>>> print(c)
2
>>> a, b = b, a                # 使用逗号，交换变量a和b的赋值
>>> print(a,b)                 # 显示变量a和b的值
1 2
```

你可以给变量起各种各样的名字，但是要注意，只能用字母或下划线（_）开头，不能用数字开头。变量名也不能和Python中的关键词（也就是Python语言中已用过的、有特定功能的词）重复。Python中的关键词包括下面这些：

```
True  False  None  if  elif  else  and  or  not  for  in  while
break  continue  def  yield  return  from  import  as  assert  class
del  global  nonlocal  is  lambda  pass  raise  try  except  with
finally
```

除此之外，像!@#之类的特殊符号也不能用来命名变量。如果变量名不符合规则，程序就会出错无法运行。请问下面哪个变量名是错误的？

Asd　　name　　123age　_hao　名字　__ming_zi　haha！

答案是第三个和最后一个，即123age和haha！。"名字"是可以使用的变量名。在Python中，变量名可以使用汉字（但不推荐）。

除了这些必须遵守的规则，在给变量起名时，最好使用能看懂的、有意义的词。比如给储存名字的变量起名为name，给储存年龄的变量命名为age。你也可以用拼音来命名，不过命名规则最好统一。

值得注意的是，你可以把变量命名为print，比如print = 1。但是一旦这么做了，它就失去了显示功能，只是一个变量，存储了你赋值给它的1。但是，只要重启Python，就可以恢复正常。

Thonny有一个非常有用的功能：只要单击"视图"菜单，勾选"变量"，就可以打开"变量"窗口。所有已经声明的变量及其值会显示在"变量"窗口中，如图1-29所示。

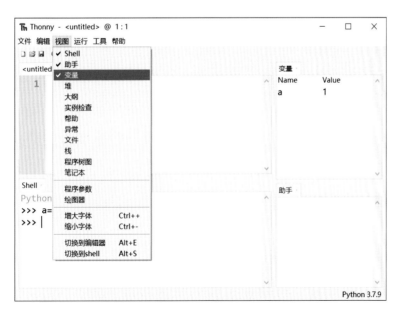

图1-29　Thonny的"变量"窗口

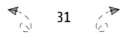

Python 中 的 数 据 类 型

在前面的代码中，我们用过数字（10，2，3）和字符串（"Hello World"），这些都是不同类型的数据。Python 中有多种不同的数据类型，常用的有数字、字符串、列表、元组、字典等。

数 字

数字类型的数据又可以细分为很多种，最常见的就是整数（如1，记作 int）和浮点数（如1.0，记作 float）。浮点数其实就是小数。数字可以参与各种数学运算。

还有一种特殊的数字类型，称为布尔型（Bool）。布尔型只有两个值，即 True 和 False，这两个值分别表示"真"和"假"。布尔型用于表示逻辑上的真和假，所以有时也称为逻辑型。在编程中，我们会经常用到逻辑判断。前文提到比较运算法和逻辑运算符时，就出现了布尔型数据。

我们也可以用数字1来表示真，用数字0来表示假。实际上，在"只懂"二进制的计算机看来，True 和 False 本质上就是1和0这两个数字，如果执行计算 True + True，那么可以得到结果2。这也是为什么布尔型属于数字类型的数据。注意，Python 是区分大小写的，所以使用布尔值时，不要误写成 true 和 false。结果为布尔型值的表达式称为布尔表达式，也可称为逻辑表达式。

字 符 串

如果说数字对应着计算，那么文字则对应着记录。在 Python 语言中，文字用字符串来表示，在 Python 中记作 str。它由一对引号中的一串字符（如字、字母、符号、数字）组成，引号可以用英文单引号（'），如'Hello world'；也可以用英文双引号（"），如"Hello world"，但需要前后一致。

字符的位置在Python中称为索引值，也有人习惯称之为元素下标、序号等。与我们平常习惯不同的是，索引值是从前往后从0开始计数的，也就是说，在"Hello world"这个字符串中，H位于位置0，或者说是第0个字符。字符串中的空格同样是字符串的一部分，要占一个位置，如图1-30所示。通过索引值，我们可以方便地使用字符串的某个字符，如果用string = "Hello world"将字符串存储在变量中，那么string[0]代表第一个字符H，string[-n]代表倒数第n个字符，倒着数就是从1开始计数了，比如string[-1]代表"d"。你可以试着运行print(string[0])，再看结果。但是，我们无法修改字符串中的字符，如程序1.10所示。

索引值 0 1 2 3 4 5 6 7 8 9 10

string = "Hello world"

变量　　　　　　　　　字符串

图1-30　字符串的构成

如果要访问字符串的某一个片段，我们可以利用索引方便地从字符串中截取一部分——这个操作称为切片。可以用string[m:n]来访问从第m个到第n-1个（注意，是从0开始数的）字符，片段中的最后一个字符，也就是说，第n个字符不会包含在内。如果把冒号前或后的数字省略，就说明是从开头访问或访问到结尾。请尝试运行程序1.10中的代码，以理解字符串的"切片"是什么意思。

程序1.10　字符串访问字符和切片在Python中的示例

```
>>> string = "Hello world"          # 创建字符串
>>> print(string[0])                # 显示字符串的0号（第一个）字符
H
>>> print(string[-2])               # 显示字符串的倒数第二个字符
l
>>> string[3:5]                     # 用切片访问字符串的3、4号字符
'lo'
>>> print(string[:7])               # 显示字符串的0 ~ 6号字符
Hello w
>>> print(string[4:])               # 显示字符串的4号~结尾字符
o world
>>> string[0] = 'h'                 # 不能给字符串0号字符重新赋值（修改字符串）
Traceback (most recent call last):           <==程序报错无法运行

  File "<stdin>", line 1, in <module>
TypeError: 'str' object does not support item assignment
```

在上面的例子中，我们还可以看到是否使用print()函数的区别。若不使用print()函数，则显示的字符串是带有引号的，即显示的是数据本身；若使用print()函数，则显示的字符串是不带引号的，即显示的是数据的内容。

数字1和字符串"1"虽然看起来很像，但是其实完全不同。两个数字可以进行数学运算，比如1+1可以得到数字2，3*2可以得到数字6，但是两个字符串不能进行数学运算。

若对字符串执行字符串+字符串的操作，会得到将两个字符串连接起来的结果；若对字符串执行字符串*数字的操作，则可以把字符串重复多次后连接；若对字符串执行字符串*字符串的操作，程序就会报错，如程序1.11所示。你也可以尝试使用其他运算符。

程序1.11　数字和字符串运算在Python中的示例

```
>>> 1 + 1                          # 数字进行加法+运算
2
>>> '1' + '1'                      # 字符串 + 字符串，可得到连接后的字符串
'11'
>>> '12' * 3                       # 字符串 * 数字，得到重复多次的字符串
'121212'
>>> '1' * '1'                      # 字符串 * 字符串，程序报错，无法运行
Traceback (most recent call last):
  File "<stdin>", line 1, in <module>
TypeError: can't multiply sequence by non-int of type 'str'
```

我们还可以通过 len() 函数，快速得到字符串的长度（有多少个字符），如程序1.12所示。

程序1.12　len() 函数

```
>>> string = "Hello world"
>>> len(string)
11
```

列表

列表（list）可以把多个数据储存成一组。它的样子是在一个方括号 [] 内，用逗号分隔开多个值。这些值称为列表的元素。

在列表中，元素不仅可以是数字，还可以是字符串，甚至可以是其他列表（列表嵌套），还可以是元组、字典等数据结构，而且每个元素的数据类型可以不同，如图1-31所示。

图1-31 列表的构成

与字符串类似，列表也可以使用列表名［数字］的方式来访问其中的某一个或某几个元素。从这个角度来讲，你可以认为字符串是一种特殊的列表。字符串中的切片方式，对于列表全部可以适用。对于嵌套的列表，我们可以用连续的两个中括号进行嵌套访问。

我们也可以对列表中的元素进行重新赋值，但字符串中的字符不能改变。列表使用和赋值示例如程序1.13所示。

程序1.13 列表使用和赋值示例

```
>>> mylist = ['hello', 23, 3, [2, 45]]    # 创建列表
>>> mylist[0]                # 访问列表中 0 号元素，这是一个字符串
'hello'
>>> mylist[:2]               # 切片访问前两个（0、1号）元素，得到 2 个元素的列表
['hello', 23]
>>> mylist[-3:]              # 切片访问倒数 3 个元素，得到 3 个元素的列表
[23, 3, [2, 45]]
>>> mylist[3]                # 访问 3 号元素，这个是一个列表
[2, 45]
>>> mylist[3][1]             # 嵌套访问 3 号元素（列表）中的 1 号元素
45
>>> mylist[0] = 0            # 重新赋值 0 号元素
```

```
>>> mylist[1:] = [1,2,3]     # 重新赋值1号到最后的元素
>>> mylist                   # 调用改变后的列表进行查看
[0, 1, 2, 3]
```

像字符串（str）运算可以使用的+和*运算符一样，它们和len()函数也可以用在列表上，如程序1.14所示。

程序1.14　列表运算符示例

```
>>> [1] + [1]                # 列表 + 列表，得到连接后的列表
[1, 1]
>>> [1,2] * 3                # 列表 * 数字，得到多次重复的列表
[1,2,1,2,1,2]
>>> len([0,4,5])             # len(列表)，得到列表长度（元素个数）
3
```

还有一些简便的方法可以用于操作列表，如程序1.15所示。

程序1.15　操作列表的其他方法

```
>>> x = [1, 2, 3]
>>> x.append(4)          # 列表.append(元素)，将元素增加到列表末尾
>>> x
[1, 2, 3, 4]
>>> x.extend([5,6])      # 列表.extend(列表)，将两个列表拼接，类似列表 + 列表
>>> x
[1, 2, 3, 4, 5, 6]
```

元组

元组是和列表非常相似的一种数据类型，在Python中记作tuple。它用一对圆括

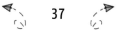

号和括号中用逗号分隔的元素来表示。元组的使用方法和列表基本一样，同样使用方括号和索引来访问元素，但是它的元素不能像列表一样修改，否则程序会出错无法运行。使用元组的示例如程序1.16所示。

程序1.16　使用元组的示例

```
>>> mytuple=(1,2,3)                        # 定义元组mytuple
>>> mytuple[1]                             # 访问元组中1号元素
2
>>> mytuple[0]=5                           # 修改元组中元素会报错
Traceback (most recent call last):
  File "<stdin>", line 1, in <module>
TypeError: 'tuple' object does not support item assignment
```

元组和列表如此相像，看似有点画蛇添足，而且元素不能改变，似乎也是它的缺点。不过，正是这种不能被改变的特性，可以保证它在使用中不会被意外修改。

字典

有时我们遇到不认识的字，会查字典。查字典时，只要有了目标关键字，就可以在字典中找到相应的详细信息。Python中的字典就是这样的数据类型。

字典由多个键值对组成，键（key）就像索引值，可以由我们自己指定；每个键都有对应值（value）。

字典的每个键值对用英文冒号（:）分割，每个键值对之间用英文逗号（,）分割，整个字典包括在英文花括号 {} 中，如图1-32所示。

值可以是任何数据，但键只能是字符串、数字、元组这样的不可变数据类型，而列表、字典不能作为字典的键。使用方括号和键可以访问字典中的某个值。使用字典的示例如程序1.17所示。

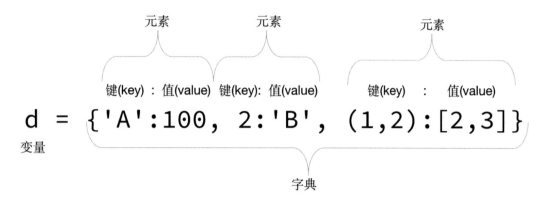

图1-32　字典的构成

程序1.17　使用字典的示例

```
>>> d = {'A':100, 2:'B', (1,2):[2,3]}            # 定义字典 d
>>> d['A']                                        # 访问字典中键 'A' 对应的值（键可以是字符串）
100
>>> d[2]                                          # 访问字典中键 2 对应的值（键可以是数字）
'B'
>>> d[(1,2)]                                       # 访问字典中键 (1,2) 对应的值（键可以是元组）
[2, 3]
>>> d['A':2]                                       # 对字典切片会报错
Traceback (most recent call last):
  File "<pyshell>", line 1, in <module>
    TypeError: unhashable type: 'slice'
```

不过，虽然字典中的元素看起来是按照顺序排列的，但是在计算机中存储时，它没有顺序，所以不能使用列表、元组或者字符串中的切片操作（如d['A':2]），即使我们把键设置为0、1、2、3这样，也不可以。

保存编写的程序

我们已经用Python的交互模式（Shell）写了很多代码，但是使用交互模式，只能像一个高级计算器一样，每次输入一句，而且每次启动Python想重新再执行之前的程序时，只能重新输入，也不方便编辑。

有没有其他可以输入和编辑代码的方式呢？答案是肯定的。编辑器模式就可以自由输入Python代码并进行编辑，让代码组合起来变成能实现完整功能的程序，之后可以反复执行。

IDLE 的 编辑 器 模式

在IDLE中，依次单击菜单栏中的"File"→"New File"，就可以打开IDLE编辑器窗口了，如图1-33所示。

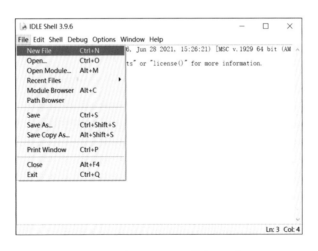

图1-33　打开IDLE编辑器窗口

你可以尝试在编辑器中写下我们在"Shell"领域中用过的代码，如程序1.18所示。

程序1.18　尝试使用编辑器

```
print("Hello world")
1+1
```

编辑器窗口同样可以实现自动补全功能。为了更方便地定位代码，我们可以让编辑器在每行代码前面显示行号。如图1-34所示，依次单击菜单栏中的"Options"，→"Show Line Numbers"，就可以显示图1-35左侧的行号了。注意，不要把行号当成代码的内容。

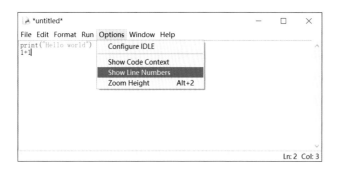

图1-34　显示行号的命令

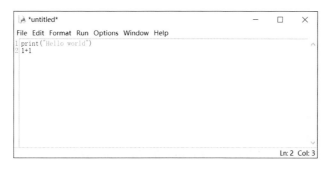

图1-35　显示了行号的代码

然后，依次单击菜单栏中的"File"→"Save"，就可以将写好的程序保存成扩展名为.py的程序文件，如图1-36所示。Python的程序文件也可以称为Python脚本文件。

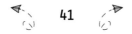

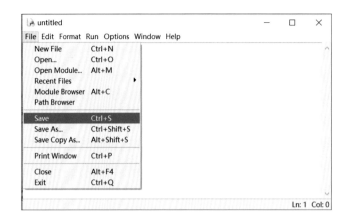

图1-36　保存程序文件

最后，依次单击菜单栏中的"Run"→"Run Module"，或者直接按键盘上的"F5"键，就可以运行程序了，如图1-37所示。

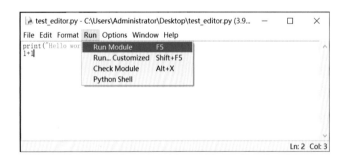

图1-37　运行程序

注： 有些键盘上有"Fn"键（如大多数笔记本电脑的键盘），你可能需要同时按"Fn"和"F5"两个键。

运行程序时，IDLE会自动跳转回Shell窗口，并在这里输出程序的运行结果，如图1-38所示。

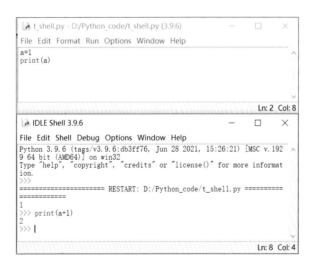

图1-38 显示在Shell窗口的程序运行结果

通过打开文件运行程序，和直接在Shell窗口运行代码有些不同。程序1.18中第二行代码1+1，没有被输出显示（但是不影响其执行）。也就是说，只有通过`print()`等相关功能的函数，我们才能看到程序文件中的运行结果。

程序运行结束后，Shell窗口不会自动关闭，程序运行时产生的各种变量也会保留最终状态。你可以在这里通过交互模式继续操作这些变量。

运行程序`t_shell.py`后，我们可以继续在Shell窗口中操作变量`a`，如图1-39所示。

图1-39 程序运行完毕后可以在Shell窗口继续操作变量

但如果再次运行一个程序文件，那么运行之前的数据都会被清除。

Thonny 的编辑器模式

Thonny的编辑器位于"Shell"区域的上方，如图1-40所示。

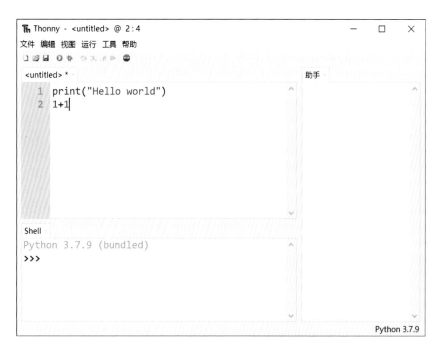

图1-40　Thonny的编辑器

Thonny编辑器同样可以实现自动补全。在编辑器中写代码时，行号会自动出现在代码的左侧。

Thonny编辑器上方有几个按钮，分别是"新文件"按钮（用于新建程序文件）、"打开"按钮、"保存"按钮、"运行"按钮（用于运行程序文件）、"调试"按钮以及"停止并重启"按钮（用于停止运行并重启Python内核程序），如图1-41所示。将鼠标指针移动到图标上停留一会儿，就会自动显示按钮的名字。

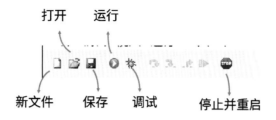

图1-41 Thonny中的相关按钮

单击"运行"按钮 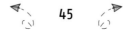，就可以执行写好并保存的程序文件。程序运行结束后，变量同样会被保存，这样你就可以在"Shell"区域对其进行操作。再次运行程序文件前，所有之前的数据会被清除。单击"停止并重启"按钮，也可以清除数据。

单击"调试"按钮，即可调试当前脚本。调试又称为Debug，也是编写程序时的一项重要内容，可以帮你找出程序中的错误。双击某一行的行号位置，你会看到行号后面显示一个红点，如图1-42所示，这表示在此行设置了断点。

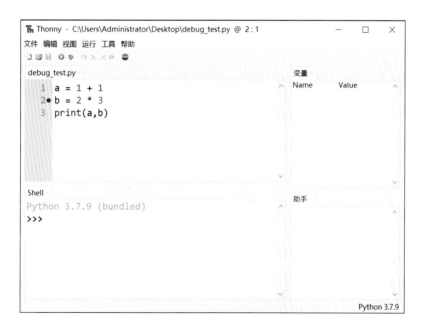

图1-42 在Thonny中设置断点

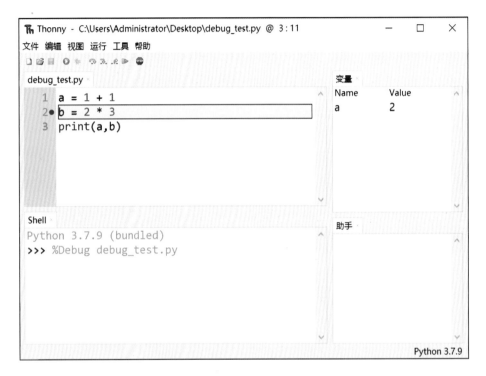

　　如果程序使用调试模式运行，就会在断点位置暂停（执行这一行之前）。暂停后，你可以观察变量窗口的数据，或者在"Shell"区域执行相关命令，以观察运行时的数据是否符合自己的预期，如图1-43所示。

图1-43　Thonny调试

　　囿于篇幅，我们在这里不详细介绍其他内容。你可以参考其他专门讲解Python编程的图书。

　　IDLE同样支持调试功能。你可以通过在编辑器中的代码上单击鼠标右键，然后在弹出的菜单中选择"Set Breakpoint"来设置断点（见图1-44），然后在"Shell"区域中单击菜单栏中的"Debug"→"Debugger"，打开调试器，如图1-45所示。

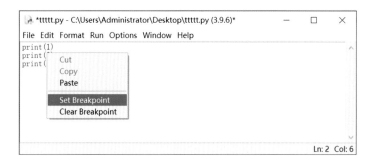

图1-44　设置断点

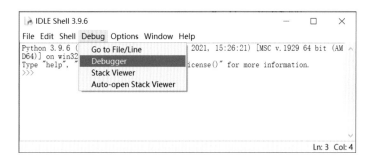

图1-45　打开调试器

Python语言的逻辑结构

写作文时，语文老师经常会说要注意文章的逻辑结构，把文章的观点表达得更清晰。编写程序更是如此。

顺序结构

我们在"Shell"区域中编写的代码，都是执行完一句再执行下一句，如图1-46所示。这样依次按顺序执行的结构称为顺序结构。顺序结构是最常见、最基本的结构。

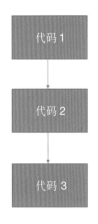

图1-46　顺序结构

但是，对于现实世界中的很多问题，我们通常无法按照顺序的方法实现，而是需要经常做出判断和选择，这时就要用到分支结构（选择结构）。

分支结构

密码是保护秘密的重要工具。无论是登录自己的QQ号，还是买东西时用手机付款，都需要密码。如果要设计一段程序来检测密码是否正确，应该怎么做呢？首先我们需要向程序输入密码，然后程序会对我们输入的密码与程序中储存的密码加以比较和判断，如果相同，那么说明密码正确，否则就提示密码错误。

如果……那么……否则……，这就是一种分支结构。在Python中，要构造分支结构，可以使用if、elif和else关键字。

分支结构的格式如下，if后面跟随的是布尔表达式或布尔值，例如比较运算符、逻辑运算符构成的表达式。如果布尔表达式的结果为真（True），那么执行代码块1的内容，执行完后跳过代码块2部分，结束这部分程序；如果布尔表达式的结果为假（False），那么跳过代码块1，执行代码块2的内容，如图1-47所示。

```
if布尔表达式:
    代码块1
else:
    代码块2
```

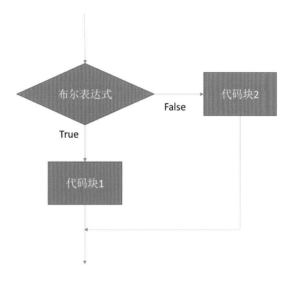

图1-47　选择结构

代码块1和代码块2的前面都有空格，或者说它们进行了缩进。Python中使用缩进的方式来表示代码的层次结构，缩进相同（空格一样多）就表示它们处在同一个层次。

换句话说，如果几行代码是连续的，而且保持了相同的缩进，那么它们就属于同一个代码块，相当于一个执行的整体。例如if条件成立的情况下，如果需要执行多条语句，那么只要连续输入几行代码，并保持相同的缩进（空格一样多）就可以了。缩进可以使用任意数量的空格，但通常使用4个空格。

程序1.19的例子展示了如何构造一个分支结构。input()的作用是让程序接收使用者输入的内容，将括号中的内容显示在屏幕上，作为提示。使用者输入内容后，按Enter键予以确认，输入的内容就会变成字符串，作为input()的结果赋值给变量

password。注意，#后面的内容起到解释这一行代码的作用，不需要作为代码来输入。冒号（:）要以英文状态输入。

程序1.19　使用分支结构来判断密码

```
1    password = input("请输入密码: ")      # 向程序输入密码
2    correct_pass = "123456"              # 正确的密码是123456
3    if password == correct_pass:         # 比较输入的密码和正确的密码
4        print("密码正确")                  # 比较结果为True则显示密码正确
5        print("欢迎进入")                  # 相同的缩进说明属于同一个代码块
6    else:                                # 否则
7        print("密码错误")                  # 显示密码错误
```

有时我们需要做出多次判断，那么可以在中间再加一个或多个elif，如下所示：

```
if布尔表达式1:
    代码块1
elif布尔表达式2:
    代码块2
else:
    代码块3
```

如果布尔表达式1为False，就会再用同样的方式判断布尔表达式2，运行程序。例如，程序1.20所示的代码会将分数转换成评价，即90分及以上是优秀，60 ~ 89分是良好，60分以下是不合格。由于input()的结果是字符串，因此要与分数数字比较大小，必须先用int()将其转换为数字。

程序1.20　使用elif的示例

```
1    score = input("请输入分数:")          # 输入分数
2    score = int(score)                   # 将分数字符串转换为数字
3    if score >= 90:
```

```
4        print("优秀")
5    elif 60 <= score < 90:
6        print("良好")
7    else:
8        print("不合格")
```

和C语言等编程语言不同，Python中可以使用像 60 <= score < 90 这样连续的比较，这条语句相当于 60 <= score and score < 90，和数学表达式相差无几。

我们还可以嵌套使用 if 结构，也就是把各个代码块换成另一层 if 结构，就像下面这样。嵌套部分的代码块（代码块1、代码块2）前面需要额外空4个空格，也就是有8个空格。

```
if 布尔表达式1:
    if 布尔表达式2:
        代码块1
    else:
        代码块2
elif 布尔表达式3:
    代码块3
else:
    代码块4
```

循环结构

在编写程序时，我们有时需要将一段代码反复执行很多次。比如，如果想用 * 来组成一个如下所示的 3×3 方阵，那么可能会写下程序1.21这样的代码。

```
***
***
***
```

程序1.21 显示星号方阵的直接方法

```
1    print('*'*3)              #  '*'*3就表示字符串'***'，参见前文字符串部分
2    print('*'*3)
3    print('*'*3)
```

但是如果要重复1000次，就很难这样写了。这时可以选择使用循环结构。

Python中的循环结构有两种形式。第一种形式是while循环。

while布尔表达式：
　　循环体代码块

效果是当布尔表达式的结果为True时，反复执行下面的代码块，否则就结束循环，如图1-48所示。

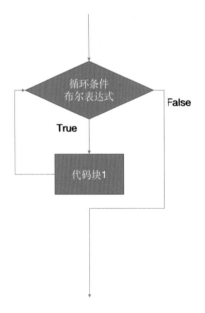

图1-48　循环结构

例如，前文显示 * 的代码可以改写为程序1.22。

程序1.22　使用while**循环显示星号方阵**

```
1    i = 0
2    while i <3 :
3        print('*'*3)
4        i = i + 1
```

循环变量i从0开始，当i<3时，就会反复执行循环体代码块，也就是输出***，并将循环变量i增加1。执行3次后，循环变量i就变成了3，不再满足i<3的条件，循环结束。

循环变量会随着循环的进行而改变，所以如果适当改动代码（见程序1.23），就可以输出如下由*组成的三角形。

```
*
**
***
```

程序1.23　使用while**循环显示星号三角**

```
1    i = 1
2    while i <4 :
3        print('*'*i)
4        i = i + 1
```

while循环一般用在循环次数不确定的场合。比如输入密码时，如果密码不正确，就反复输入，密码正确就结束，如程序1.24所示。

程序1.24　使用while**循环反复询问密码，直到正确**

```
1    correct_pwd = 'hetao'            # 正确的密码
2    pwd = input('请输入密码: ')       # 用户输入密码
3    while pwd != correct_pwd:        # 比较密码是否正确
```

```
4        pwd = input('请输入密码: ')  # 如果密码错误，则进入循环，重复输入密码
5    print('密码正确')                    # 如果密码正确，则退出循环，显示"密码正确"
```

第二种循环形式是for循环。

for 变量 in 可迭代对象：
　　　循环体代码块

for循环会将可迭代对象中的所有内容依次赋给变量，并执行循环体代码。像字符串、列表、元组、字典这样含有多个元素、可以一一计数的对象，都是常见的可迭代对象。

for循环常用来进行遍历或枚举，比如列出一组中所有同学的名字，可以写成程序1.25。

程序1.25　列出一组中所有同学的名字

```
1    Group_1 = ['禾木','桃子','乌拉乎','小核桃']
2    for name in Group_1:
3        print(name)
```

像前文显示的 * 方阵，是执行次数确定的循环，属于for循环的适用场景。你可以使用for循环进行3次循环，如程序1.26所示。

程序1.26　使用for进行3次循环

```
1    seq = [0,1,2]
2    for i in seq:
3        print('*'*3)
```

不过，我们通常会采用另一种更方便的写法，那就是使用range()函数，如程序1.27所示。

程序 1.27 使用 range() 函数

```
1    for i in range(3):
2        print('*'*3)
```

range(3) 表示产生一个从 0 开始、小于 3 的序列（也就是 0，1，2）。这个序列是另一种可迭代对象，for 循环最终执行 3 次。我们可以向 range() 函数输入更多参数，如 range(1,3) 表示产生一个从 1 开始、小于 3 的序列（也就是 1，2）；range(1,6,2) 表示产生一个从 1 开始，小于 6，而且间隔是 2 的序列（也就是 1，3，5）。range() 函数产生的序列，都不包括我们输入的末端数字，这个特点和列表、字符串切片一样。

无论是 while 循环还是 for 循环，都可以利用 break 语句强行中断循环，继续执行循环后的语句。程序 1.28 中两个循环都是将循环变量从 0 增加到 99，但是由于 break 的存在，它们都会在循环变量为 3 的时候停止循环。

程序 1.28 break 语句可以终止循环

```
1    i = 0
2    while i <100:
3        i = i + 1
4        if i==3:            # 当 i 为 3 时
5            break           # 强行中断循环
6    print(i)
7
8    for j in range(100):
9        if j==3:            # 当 j 为 3 时
10           break           # 强行中断循环
11   print(j)
```

如果将 break 改为 continue，那么循环会跳过本次循环中剩下的代码，直接进入下一次循环代码，如程序 1.29 所示。

程序1.29 `continue`语句可以跳过本次循环后续内容

```
1    for j in range(5):
2        if j==3:              # 当 j 为 3 时
3            continue          # 跳过后面内容
4        print(j)
```

上面的循环会跳过 3，显示结果如下：

```
0
1
2
4
```

函数

　　循环可以将同一段代码连续反复执行。但有时我们需要将一段代码灵活地插入程序中的不同位置，就像在数学题中使用数学公式一样，这时循环就显得非常死板，无法满足我们的需求。这时我们可以使用函数。函数就是组织好的、可重复使用的、用来实现单一或相关联功能的代码段。

　　将一段具有特定功能的代码定义为函数，然后只要使用函数的名字，并输入合适的参数，就可以方便地使用它了。参数就是输入给函数、供函数使用的变量等对象。`print()`、`input()`，这些都是Python中自带的常用函数。

　　我们也可以把自己写的代码变成函数。函数的定义非常方便，如下所示：

```
def 函数名字 (参数):
    代码块
    return 结果
```

定义好函数后，我们就可以用函数名字（参数）的方式调用函数。在程序中，函数定义代码的位置必须在调用函数的前面。

圆的面积公式是$S=\pi \times r^2$，我们可以将这个公式定义为函数（π取值3.14），并计算半径为3和8的圆的面积，如程序1.30所示。

程序1.30　使用函数计算圆面积

```
1    def circle_area(r):
2        S = 3.14 * r**2
3        return S
4    print(circle_area(3))
5    x = 8
6    y = circle_area(x)
7    print(y)
```

要注意的是，除了少数特殊情况，定义函数使用的各个变量都只在函数内部有效，与函数外的变量互不影响。函数执行结束后，所有函数中的变量会被清除，只输出结果。也就是说，函数结束后，不会再有一个变量S存储着计算好的圆面积，你需要立即直接使用或将输出结果赋给别的变量。

同时，使用函数时，作为参数传入函数的变量名与定义函数时使用的变量名也没有关系，既可以相同，也可以不同。

函数也可以没有参数，甚至没有输出结果。比如程序1.31中的函数，不需要参数，也没有输出，每次调用就在屏幕上显示"你好世界"和"Hello world"。

程序1.31　没有输入输出的函数

```
1    def hello():
2        print('你好世界')
```

```
3           print('Hello world')
4       hello()
```

注释

在前面的代码中，你一定注意到有很多"#"。这个符号用于表示注释，是给人看、帮助人理解程序用的，计算机不会执行其后的内容。

注释还有一种写法：使用3个引号开头，再用3个引号结尾，单引号和双引号都可以使用，但是一次只能使用一种。这种方式可以进行多行注释，如程序1.32所示。

程序1.32   注释

```
1       #  这里的内容是注释
2       '''  使用 3 个单引号开始注释
3            可以进行多行注释
4            再使用 3 个单引号结束注释'''
5       """使用 3 个双引号开始注释
6            可以进行多行注释
7            再使用 3 个双引号结束注释内容"""
```

使用 Python 库

在Python中，有大量方便的函数可供使用，实现包括屏幕显示、操作文件、数学运算、计算时间、网络数据处理、图形界面等功能。为了方便管理和使用，开发人员把它们分成了很多组，也就是Python库。Python语言自带的库又称为标准库。在

Python语言中，库一般是以包的形式组织的，每个包中有多个模块，模块中有不同的函数。如果觉得比较复杂，你暂时可以把库、包和模块看成同样的东西。

想要使用功能丰富的Python库函数，必须先导入相关的Python库。

比如，求绝对值是一种常见的数学运算，Python标准库math中的fabs()函数就可以求出绝对值。使用fabs()要先导入math库。程序1.33是使用绝对值函数fabs()最常见的做法。

程序1.33　使用math库中的绝对值函数fabs()

```
1    import math
2    x = math.fabs(-3)
3    print(x)
```

使用fabs()时，还需要在前面加上math.，用于说明fabs()函数在math库中。

有时库的名字很长，使用不方便，你还可以给导入的库另起一个名字，也就是别名。程序1.34中的代码在导入math库时将它改名为mt。改名时要特别注意，不要引起混淆。

程序1.34　给math库起别名

```
1    import math as mt
2    x = mt.fabs(-3)
3    print(x)
```

如果只使用少数几个函数，也可以只导入函数，而不导入整个库。下面的代码只导入了fabs()函数，没有导入math库中的其他函数。在这种情况下，你可以直接使用被导入的函数，不需要带上库名前缀，如程序1.35所示。

程序1.35 直接导入库中函数

```
1    from math import fabs
2    x = fabs(-3)
3    print(x)
```

使用as起别名对于函数来说同样有效，如程序1.36所示。

程序1.36 函数别名

```
1    from math import fabs as jueduizhi
2    x = jueduizhi(-3)
3    print(x)
```

第三方库

Python的标准库虽然功能强大，但也不是万能的。为了弥补标准库的不足，很多程序员也会把他们编写的各种功能、函数写成库，并共享出来，这就是第三方库。

使用第三方库的代码和使用标准库没有什么不同。不过，第三方库不是Python语言自带的，所以使用前要先进行安装。

对于不同的Python开发工具和操作系统，安装第三方库的方式有一些区别。下面我们介绍如何对原生Python的IDLE和Thonny安装第三方库。注意，如果你同时安装了这两种开发工具，用两种方式安装的第三方库不能给对方使用，必须各自安装。

使用Python自带的IDLE工具编写程序

如果使用IDLE编写Python，那么最方便的当属利用pip命令进行安装。pip是

Python自带的一个库管理工具，它可以自动从网络上下载你需要的Python库进行安装。大多数Python库都可以利用pip安装。

pip需要在命令行模式下输入命令来使用，这听起来好像有点陌生，但其实一点都不难。要使用pip，首先要连接网络。

在Windows系统下，同时按住键盘上的Windows图标键和R键（后面记为Windows + R），即可打开运行窗口。在运行窗口输入"cmd"，然后单击"确定"按钮，如图1-49所示。

这样就可以打开命令提示符窗口（也称为命令行窗口），如图1-50所示。

图1-49　运行窗口　　　　　　　　图1-50　命令提示符窗口

在命令提示符窗口中输入命令，再按下Enter键，就可以安装Python库了。注意，pip必须在联网的情况下使用。

```
pip install 库名
```

例如，我们会使用requests库，就需要在命令提示符窗口输入以下命令：

```
pip install requests
```

然后，按Enter键，如图1-51所示。

图1-51 输入pip命令

安装成功后，一般会提示Successfully installed+库名，如图1-52所示。

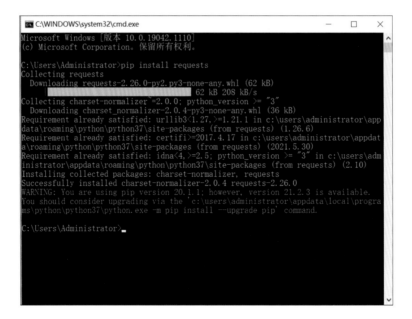

图1-52 安装成功

另外，如果你看到了和图1-52中内容类似的黄色提示，说明pip版本不是最新版，可以通过如下命令进行升级：

```
pip install --upgrade pip
```

如果要卸载一个安装好的Python第三方库，只需要把安装时的`install`改成`uninstall`就可以了。

在Windows 10系统下，你也可以通过依次选择"开始"菜单 → "Windows系统" → "命令提示符"来打开命令提示符窗口，如图1-53所示。

图1-53　Windows 10"开始"菜单中的"命令提示符"

如果你使用的是macOS系统，那么可以同时按下Command键+空格键，打开"聚焦搜索"，然后输入"terminal"，打开"终端"，再输入相应的pip命令。你也可以通过"启动台"→"其他"→"终端"打开终端窗口。

使用 Thonny 编写 Python

如果你使用的是Thonny，那么必须使用Thonny的包管理功能来安装第三方库。打开Thonny，在联网的情况下，依次选择菜单栏中的"工具"→"管理包"，如图1-54所示。

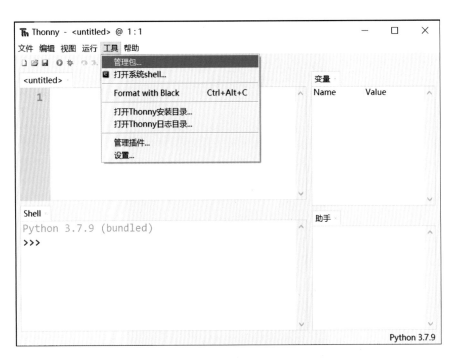

图1-54 Thonny的包管理功能

输入想要安装的包"requests"，然后单击"Search on PyPI"按钮，得到图1-55所示的结果。在得到的结果中，选择想要安装的包，也就是第一个选项。

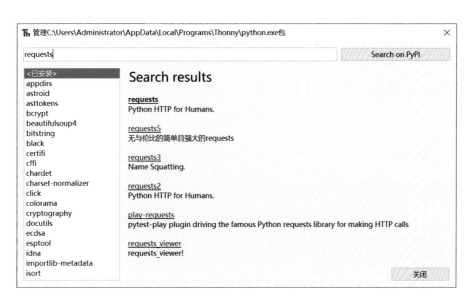

图1-55　搜索requests的结果

选中后单击"安装"按钮，如图1-56所示，如果没有提示失败，就说明安装成功了。安装成功后，"安装"会变成"升级"和"卸载"。

图1-56　准备安装requests包

趣闻

为什么编程语言都是英语，有没有中文编程语言？

如果你对编程语言有些了解，也许会好奇为什么编程语言都是英语。Python 语言中的 if、while、print，都是用英文字母、英文单词写就的。这对于很多英语不熟练的同学确实是不太友好，那么能不能用汉语来写程序呢？

首先我们要纠正一个说法，虽然编程语言借用了英文字母，但是它并不是英语，而是独立的编程语言，符合编程语言的语法规则。其实在很多程序语言中，我们也确实可以使用汉字。但同样地，我们不能说这是在用中文写程序。

在 Python 中，你可以使用汉字作为变量名或者函数名。比如下面的程序是可以运行的：

```
>>> 核桃 = 1
>>> 编程 = 2
>>> print(核桃 + 编程)
3
```

不过，在真正编写程序时，一般不建议使用中文变量名。Python 语言中的各种符号必须使用英文符号，如果写程序时夹杂了中文变量名，那么很容易出现忘记切换输入法，不小心输入中文符号的情况，导致程序出错。

不过，完全使用汉字和中文符号的编程语言也是存在的，比如有一门叫作"易语言"的编程语言就是这样的。不过，这门语言存在一些问题，所以使用它的专业程序员并不多。

除了"易语言"，2019年还有人发明了一门用文言文编程的程序语言"文言编程"，也很有意思。比如，下面这段程序的效果是输出3遍"問天地好在。"

吾有一數。曰三。名之曰「甲」。
為是「甲」遍。
　　吾有一言。曰「「問天地好在。」」。書之。
云云。

人工智能的养料——数据

 桃子： 禾木，你写这么多数字干什么？

 禾木： 不是说训练人工智能需要数据吗？我在准备数据呢！

 小核桃： 哈哈，数据和数字可不是一回事。数据既可能是数字，也可能是其他形式的内容。下面我们就一起来看看，到底什么才是数据，我们可以从哪里获得数据。

什么是数据

数据这个词，你应该听过。用手机上网，会耗费数据流量；评价一部电影好不好看，我们会关注票房数据、评分数据；在网上买东西，销量数据就成了重要的参考标准。我们常说，现在是数据的时代，生活的方方面面都和数据有关。

那么，数据到底是什么？"数据"和"数字"有什么关系？数据是指进行各种统计、计算、科学研究或技术设计等所依据的数值。由此可见，数据通常是指数字，比如电影评分、商品销量等。此外，像每天的气温、苹果的价格、期末考试的分数、每天写作业的时间都是数据，在计算机领域，数据是客观事物的符号表示，是指所有能输入计算机中并被计算机程序处理的符号的总称。也就是说，数据不一定是数字，一张照片、一段声音同样可以是数据。

还有一个词常常和数据一起出现，那就是信息。信息论的创始人克劳德·香农认为，信息是用来消除不确定性的东西。这是什么意思？其实就是信息让你可以对事物有更多的了解。举个例子，你听说禾木参加编程比赛拿了奖，但是不知道到底拿了什么奖，这就是不确定性。小核桃告诉你"禾木得了一等奖"，那么得什么奖这个不确定性就消失了，所以"禾木得了一等奖"就是信息。桃子也来告诉你"禾木是在编程比赛上得的奖"，但这个内容其实你已经知道了，所以对你来说，这不是信息。但是无论是小核桃说的，还是桃子说的，都可以视为数据，如图2-1所示。如果数据量非常非常大，那么就是新闻中常常提到的大数据了。

图2-1 信息消除不确定性

数据是从哪里来的

　　获取有用的数据最直接的方法就是对相关内容进行观察并加以总结和记录。比如，想要得到一棵树上苹果的数量，认真数一数就可以获取这一数据；想要知道每天的气温，用温度计进行测量就可以获取这一数据。

　　不过，生活中需要数据的地方实在是太多了，如果所有数据都要亲自来记录，那得多麻烦啊。为此，科学家们发明了各种各样的电子传感器，来帮助我们获取数据。传感器可以感知环境的变化，将其和计算机配合使用，就可以自动记录数据了。

　　我们日常使用的手机内部就有很多传感器。比如屏幕的亮度可以跟随周围环境自动变化，就是因为光线传感器能感知明暗；很多手机有指南针功能，是因为手机内有磁场传感器或者霍尔传感器，可以像真正的指南针一样感知地球磁场；就连视频聊天时也会用到传感器——声音传感器和图像传感器，只不过我们一般会把它们称为麦克风和摄像头。

如今，我们的周围有非常多的传感器，甚至在浩瀚无垠的宇宙中，也有卫星或者探测器搭载着传感器在工作，如图2-2所示。截至目前，全世界已经有2.6万余种传感器，可以说无论你想获取什么数据，几乎都可以找到相应的传感器。

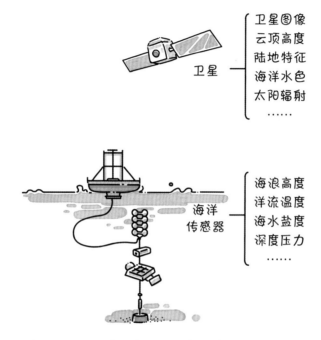

图2-2　无论深海还是太空都有很多传感器

我们使用手机、计算机的过程时刻都在产生数据。你为了使用各种网络服务所填写的内容是数据，在微博、朋友圈之类的社交平台发出的每一条文字、每一张照片是数据，甚至在网络上的每一次点击、看过的每一条内容也是数据。

不过无论是用传感器获取的数据，还是在使用网络时产生的数据，大多很难直接发挥作用。随着计算机技术的进步，数据的传递和收集变得容易多了。为了方便使用和研究，人们把很多数据，比如美国的天气、月球的地形等，合并成数据集并放在了互联网上，可供他人分享。

还记得我们在《写给青少年的人工智能 应用》一书中说过的 ImageNet 吗？ImageNet 是由华裔科学家李飞飞带领团队创建的庞大图片数据集，用于图像识别人工智能的研究。目前这个图片数据集中有近 1500 万张标注好分类的图片，包含 2 万多种不同的物体。类似的数据库还有很多，比如同样是用于人工智能研究的 MNIST 数据集，它是大型手写数字数据集，包含 7 万余个不同的手写数字。

对天文知识感兴趣的同学可以从探月工程数据发布与信息服务系统获取嫦娥月球探测器发回的月球数据，或者从美国宇航局（NASA）的数据网站获得丰富的天文相关数据。

不过，在大多数时候，互联网上的数据并不是像 ImageNet 或者 MNIST 数据集那样整理好的。想要获取大量的数据还是非常费时费力的，所以我们往往会借助工具，其中之一就是网络爬虫。

网络爬虫是什么虫

网络爬虫又称为网络蜘蛛，它并不是一种动物，而是一种计算机程序。网络爬虫的作用很简单，就是在互联网上不停地浏览各种信息，并把你想要获取的内容记录下来。爬虫就像蜘蛛一样，一点点巡视互联网这张大网的每一个角落，如图 2-3 所示。

利用爬虫，我们可以为人工智能和搜索引擎提供数据，可以做很多有趣的事。比如通过爬虫获取你感兴趣的各种新闻，然后统一发送，这样你就不需要在各个新闻网站反复查找；用爬虫获取天气预报数据，一旦预报下雨就马上将提醒发送到手机上，这样就不再需要每天关注天气了；在网站上看到很多有意思的图片，但是一张张下载太麻烦了，也可以使用爬虫进行批量下载；在购物网站看到一本喜欢的书，但价格有点贵，与其每天查看优惠信息，不如用爬虫来帮你监测。

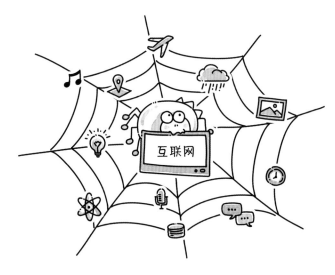

图2-3　网络爬虫

利用Python语言，我们就可以编写简单的网络爬虫。

通过分析网页获取数据

Python是编写网络爬虫的有力工具。下面我们就一起动手实现最简单的网络爬虫。

如果你喜欢天文，一定对火星并不陌生。这颗红色的行星与地球一样，位于太阳系的宜居带。还有资料表明，火星曾拥有类似地球的环境与极丰富的资源。正因如此，火星成了科学家们研究的重点。在过去的几十年里，人类已经向火星发射了很多探测器，拍摄了大量照片。

美国宇航局数据网站上，就有很多有趣的火星图片，比如"NSSDCA Photo Gallery Mars"这个页面（在美国宇航局数据网站主页上依次单击"Image Resources"→"NSSDCA Photo Gallery"，然后在下一个界面中进入图片库目录，并选择"Mars"），有各种各样的火星图片预览图及相关介绍。单击图片，你就可以看到高清图。但如果想把这个页面上的所有图片下载下来就比较麻烦了，你可以借助Python，通过爬虫来批量下载图片。

通常，输入网址，打开网页，浏览器就会把你的请求通过网络发送给网站，再由网站把对应的网页数据发送给你，如图2-4所示。

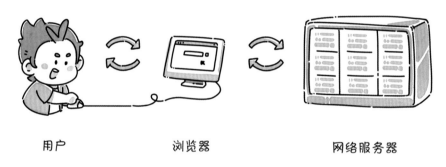

用户　　　　　　　浏览器　　　　　　　网络服务器

图2-4　上网时，用户通过浏览器与网站服务器进行信息交流

想要用Python从网站获取信息，也要采用类似步骤。不过，Python不需要打开浏览器，它可以利用相关的Python库，比如requests库，向网站发送请求。

```
pip install matplotlib
```

requests库是第三方库，请自行安装（我们在第1章的最后安装了这个库）。如果没有安装，你也可以现在操作。如果你使用原生Python + IDLE，那么需要打开命令行窗口（Windows的"命令提示符"或macOS的"终端"）执行如下命令：

```
pip install requests
```

如果你使用Thonny，那么可以使用包管理安装（见图1-55）。

安装好 `requests` 库，我们就可以使用 `requests.get()` 函数向网站发送请求，获得网站的响应。程序2.1可以用于发送请求并显示网站的回应。

程序2.1　发送请求并显示网站的回应

```
1    import requests                              # 导入requests库
2    url = '███████████████████████████'
3    r = requests.get(url)
4    print(r.text)
```

不过，程序显示的内容好像并不是网页，而是一堆看起来像代码但不知道是什么的东西，如图2-5所示（由于内容较多，会在"Shell"区域中自动折叠，你可以双击将其展开）。

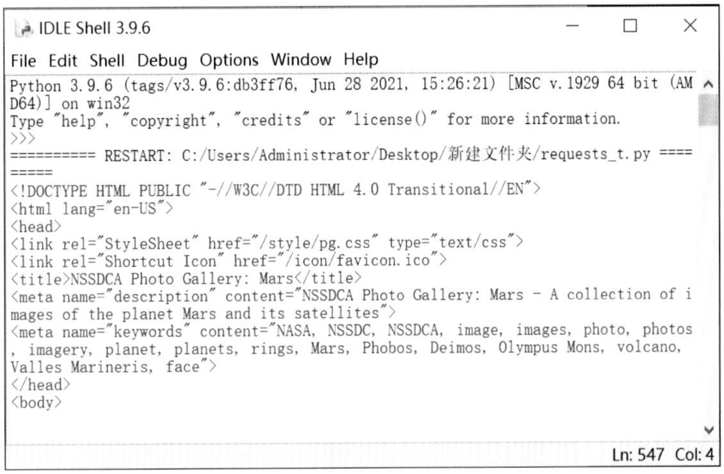

图2-5 `requests.get()` **函数的返回结果**

这确实是代码，只不过不是Python代码，而是用另一种语言——HTML 语言写成的网页代码。为了让用户看起来更方便，网页上的数据往往会有所修饰，通过各种各样的图像、表格来呈现，并进行排版。这些都是通过HTML代码进行的。网页上的每一个元素，都是这些HTML代码决定的。

不过，这些修饰性成分对于计算机来说基本都是"遮挡视野的障碍物"，所以我们必须帮助计算机分析网页，找出隐藏在HTML代码中的真正数据。分析网页代码正是编写网络爬虫这种程序的第一步。

虽然学习HTML语言并读懂网页代码是分析网页的基本方法，但是我们也可以借助一些工具来更高效地实现目标。对于一些简单的网页，我们甚至不需要精通HTML语言也可以完成分析。

打开网页，按键盘上的"F12"键（有些键盘需要按"Fn+F12"），就可以启动浏览器自带的网页分析工具（或者叫作开发人员工具）。各个浏览器的页面分析工具大同小异，我们推荐使用最新版的Edge浏览器（Chromium内核）或Chrome浏览器，如图2-6所示。

Edge浏览器　　　Chrome浏览器

图2-6　Edge浏览器和Chrome浏览器

网页分析工具用起来很简单：单击"元素"标签，让鼠标指针指向网页分析工具中的源代码，网页上相对应的内容就会以色块标注出来，如图2-7所示。

单击"元素"标签前面的第一个按钮，就可以让鼠标指针指向网页内容，然后自动展示对应的代码。单击网页内容，就可以定位到代码位置，如图2-8所示。

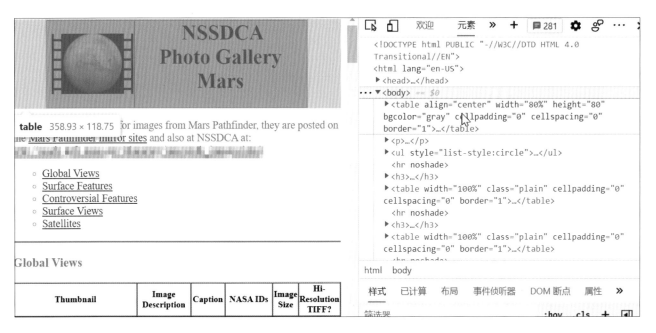

图2-7　Edge浏览器的网页分析工具

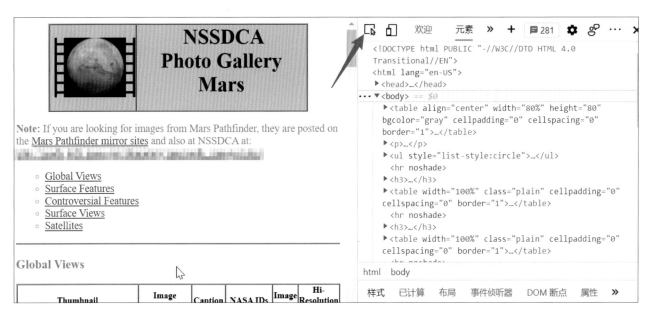

图2-8　根据网页元素定位代码

单击代码前面的小三角图标，就可以将一段代码展开或折叠起来，如图2-9所示。

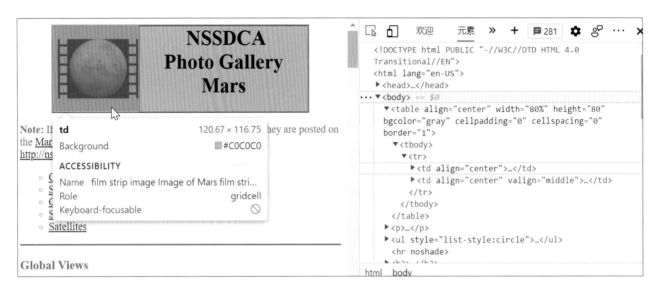

图2-9　将一段代码展开或折叠起来

只要耐心一点，就可以找到网页上的图片在源代码中的位置，如图2-10所示。

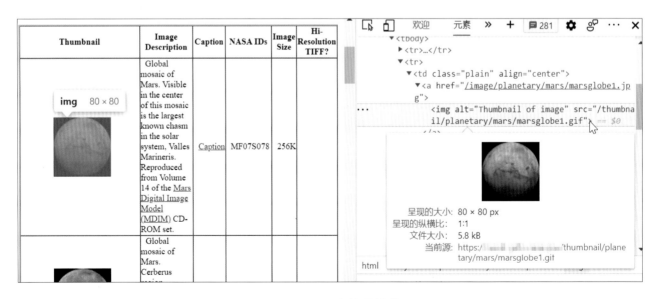

图2-10　网页中的图片代码

如果你对文件的储存格式有所了解，就会注意到下面这段代码中的`.jpg`和`.gif`，它们都代表图片文件。

```
<a href="/image/planetary/mars/marsglobe1.jpg">
<img alt="Thumbnail of image" src="/thumbnail/planetary/mars/marsglobe1.gif">
</a>
```

含有`.gif`的代码被一对尖括号`<>`包裹起来，开头是`img`，这在HTML语言中称为标签，`<img>`标签表示这是一张图片。`alt`和`src`都是这个标签的属性。对我们比较重要的是`src`，它表示这个图片在网站上的存储地址。这个地址是相对地址，相当于告诉你禾木家的地址是"5号楼3单元204室"。不过，只知道这个是找不到禾木家在哪里的，因为我们不知道这个"5号楼"到底位于哪个城市的哪个小区。对于网页上的图片来说，它的"城市和小区"就是网站的地址。我们把这两部分连接起来就能得到图片的完整链接。如果你直接使用这个地址下载，只能得到在网页上显示的小图。

怎样才能找到单击图片后显示的高清图片呢？我们注意到，单击图片后跳转到了一个新的页面，也就是说，图片是一个链接，而新页面的地址是以`.jpg`扩展名结尾的。`.jpg`同样是图片的格式。找到网页中的`.jpg`文件，也就找到了高清图。

我们刚才也看到了，`.jpg`文件就包含在上一行代码`<a href = 地址 >`里，其中`<a>`标签表示这是一个链接。`href`是这个标签的属性，它指出链接的地址是`/image/planetary/mars/marsglobe1.jpg`。在前面加上网站地址，我们就可以得到图片的完整链接。

利用Python库BeautifulSoup，我们可以方便地解析标签和属性。BeautifulSoup是第三方库，需要自行安装。

使用原生Python + IDLE时，在命令行窗口执行如下命令：

```
pip install beautifulSoup4
```

使用Thonny时，在包管理搜索`beautifulSoup4`并进行安装。

使用`BeautifulSoup`库，首先要使用`BeautifulSoup()`函数根据网页内容建立对象。有了对象，我们就能使用`find_all('a')`找出网页上所有的\<a\>标签。对于每一个标签，`get('href')`能提取出具体链接。不过，并不是所有链接都是图片链接，所以还有待进一步筛选。如果链接中有".jpg"，那么说明这就是我们要找的图片链接。流程如图2-11所示。

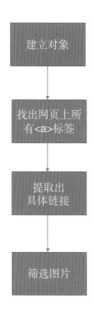

图2-11　使用BeautifulSoup库提取图片链接

程序2.2是利用`BeautifulSoup`库解析网页，提取图片链接的程序。

程序2.2　利用BeautifulSoup库解析网页，提取图片链接

```
1    import requests
2    from bs4 import BeautifulSoup
```

```
3
4    url = "███████████████████████████████████████████████"
5    r = requests.get(url)
6    print("=====获取网页数据完成=====")
7
8    soup = BeautifulSoup(r.text, "html.parser")   # 建立BeautifulSoup对象
9    a_tag = soup.find_all("a")                      # 提取所有的<a>标签
10   link = []                                        # 准备将链接保存在列表中
11   for t in a_tag:                                  # 遍历所有标签
12       href = t.get("href")                         # 提取href属性
13       if href and ".jpg" in href:                  # 如果图链接存在并含有.jpg
14           link.Append(href)                        # 记录链接
15   print("======网页解析完成======")
```

提取到图片链接后，我们还需要把它们下载存储。这里可以用第三方Python库 wget进行下载。

你既可以在命令行窗口执行pip命令安装，也可以在Thonny的包管理搜索wget 安装：

```
pip install wget
```

wget的使用非常方便。程序2.3会在.py文件所在的文件夹里新建一个文件夹 "火星图片"，然后将下载的图片存储到"火星图片"中。这段程序要接在程序2.2之后 编写。

程序2.3　利用wget下载图片

```
16   import os                           # os库用于操作文件夹
17   import wget                         # wget库用于下载
18
19   if not os.path.exists("火星图片"):   # 检测"火星图片"文件夹是否存在
```

```
20      os.mkdir("火星图片")                           # 如果不存在，就新建"火星图片"文件夹
21      for pic in link:                              # 遍历所有链接
22          IMAGE_URL ="████████████████████" +pic   # 拼接得到完整链接
23          pic_name = wget.download(IMAGE_URL, out="火星图片/")  # 下载图片
24          print(pic_name + "下载完成")              # 每下载完一幅图片，进行提示
25      print("======全部下载完成======")
```

将两段程序合并，就可以得到完整的图片爬虫程序了，如程序2.4所示。在获得允许且合法的情况下，你也可以试着修改代码，去下载其他网站的图片。合并程序时，我们通常习惯将导入库的代码放在最前面。

程序2.4　使用Python爬虫下载火星图片

```
1       import requests, os, wget
2       from bs4 import BeautifulSoup
3
4       url = "████████████████photo_gallery/photogallery-mars.html"
5       r = requests.get(url)
6       print("=====获取网页数据完成=====")
7
8       soup = BeautifulSoup(r.text, "html.parser")   # 建立BeautifulSoup对象
9       a_tag = soup.find_all("a")                    # 提取所有的<a>标签
10      link = []                                     # 准备将链接保存在列表中
11      for t in a_tag:                               # 遍历所有标签
12          href = t.get("href")                      # 提取href属性
13          if href and ".jpg" in href:               # 如果图链接存在并含有.jpg
14              link.Append(href)                     # 记录链接
15      print("======网页解析完成======")
16
17      if not os.path.exists("火星图片"):  # 检测"火星图片"文件夹是否存在
18          os.mkdir("火星图片")                        # 如果不存在，就新建"火星图片"文件夹
```

```
19    for pic in link:                           # 遍历所有链接
20        IMAGE_URL ="░░░░░░░░░░░░░░░░░░░░" +pic  # 拼接得到完整链接
21        pic_name = wget.download(IMAGE_URL, out="火星图片/")  # 下载图片
22        print(pic_name + "下载完成")      # 每下载完一幅图片，进行提示
23    print("======全部下载完成======")
```

利用网站API获取数据

分析网页数据是编写爬虫最基本的方法，也是最通用的方法。不过为了方便阅读，程序员在网页代码中添加了很多数据以外的内容，这样一来，想要分析网页实在是太烦琐了。

有没有专门为了计算机设计，可以让计算机直接读取的网页呢？有些网站会把部分数据整理好，放在某个地址来供自己和其他人直接调用获取，非常方便。这个提供数据的地址就称为网站的应用程序接口，简称API。有了API，我们要获取数据就容易多了。

下面我们就一起来通过API爬虫获取核桃世界的两个城市（赛加市和中心城）的天气数据。

在浏览器的地址栏中输入一个URL网址，例如打开本书的教学网页核桃天气，就可以查看赛加市在2021年7月14日至2021年7月20日期间的天气了。单击位于界面顶部的"导航栏"标签，就可以切换到中心城的天气数据，如图2-12所示。

通过网页分析工具可以看到，这两个页面上的数据非常琐碎，想要通过分析网页来编写爬虫有一定的难度。如果已经设计了API，通过网址，我们就可以使用API了。

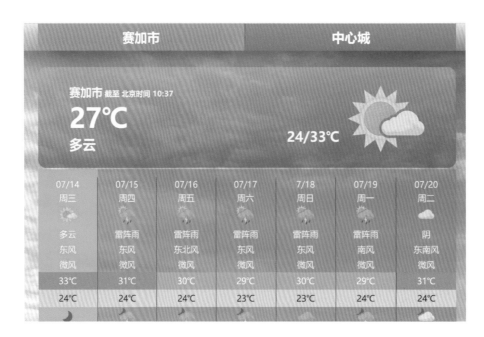

图2-12 天气预报教学网页

我们依然通过 `requests.get()` 函数从 API 获取数据。这个 API 中的数据是用 JSON格式保存的。这是一种在互联网上非常常见的数据格式，用于存储简单的数据结构和对象。JSON 格式的数据与 Python 中的字典基本相同。使用 `requests` 库中的 `json()` 函数，就可以把 JSON 数据直接转化为 Python 字典。

程序2.5会从API中获取数据，转化成字典并显示。

程序2.5　从API获取数据并转化为字典

```
1    import requests
2    url = '████████████████████████████████████'
3    r = requests.get(url)
4    r.encoding = 'utf-8'                              # 设置编码
5    saijia_date = r.json()
6    print(saijia_date)
```

为了方便阅读，我们将字典数据整理一下。

```
1    {
2        "location": {
3            "city": "赛加市",
4            "id": "0001"
5        },
6        "now": {
7            "temp": 27,
8            "wind_class": "微风",
9            "wind_dir": "东风",
10           "text": "多云"
11       },
12       "forecasts": [{
13           "date": "2021-07-14",
14           "high": 33,
15           "low": 24,
16           "wc_day": "微风",
17           "wc_night": "微风",
18           "wd_day": "东风",
19           "wd_night": "东风",
20           "text_day": "多云",
21           "text_night": "晴"
22       },
23       ……后6天内容略]
24   }
```

显然，这个字典中有3组键值，分别是"location"所在地、"now"当前天气和"forecasts"未来7天的天气预报。

我们重点关注的是未来7天的天气预报。它的值是一个有7个元素的列表，每个元素对应着一天的天气内容。例如，第13 ~ 21行就是第一天的天气数据（第0个元素）。

由于数据太长，这里已将列表的后6个元素（后6天的天气）省略。

天气内容也是用字典表示的，每个键的含义如表2-1所示。

表2-1 天气内容的字典表示

代码	含义
"date": "2021-07-14",	日期
"high": 33,	最高气温
"low": 24,	最低气温
"wc_day": "微风",	白天风力
"wc_night": "微风",	夜晚风力
"wd_day": "东风",	白天风向
"wd_night": "东风",	夜晚风向
"text_day": "多云",	白天天气
"text_night": "晴"	夜晚天气

通过访问字典和列表的内容，我们可以自由使用任意一天的数据。例如，下面这一句命令对应的就是第二天的最高气温：

```
temp = date["forecasts"][1]["high"]
```

提供各种API的网站有很多，像百度、高德等公司就有很多地图、交通、天气相关的API服务，只要注册后就可以免费或付费使用。

分析和处理数据

利用爬虫获得的天气信息，我们可以分析两个城市的气温变化情况。爬虫获取到的每天温度是两个值——最高气温和最低气温。为了分析方便，我们可以先根据这两个数值计算每天的平均气温。

如程序2.6所示，我们会利用爬虫获取两个城市的数据，把每个城市每天的最高气温和最低气温相加除以2求取平均值，并分别存储在列表中。这段程序还获取了这7天数据的具体日期，并将其保存在列表中。

程序2.6　爬取并计算平均气温

```
1    import requests
2    url_saijia = '██████████████████████████████'
3    url_zhongxin = '████████████████████████████████'
4
5    # 获取赛加市数据
6    r = requests.get(url_saijia)
7    r.encoding = 'utf-8'                              # 设置编码方式
8    saijia_data = r.json()
9
10   # 获取中心城数据
11   r = requests.get(url_zhongxin)
12   r.encoding = 'utf-8'                              # 设置编码方式
13   zhongxin_data = r.json()
14
15   # 使用函数获取平均气温
16   def get_temp(data):
17       temp = []
18       forecasts = data["forecasts"]                # 提取预报数据
19       for day in range(len(forecasts)):            # 对每天循环
20           ave=(forecasts[day]["high"]+forecasts[day]["low"])/2 #求平均
21           temp.Append(ave)                         # 存入列表
22       return temp
```

```
23
24    saijia_temp = get_temp(saijia_data)              # 赛加市未来一周平均气温
25    zhongxin_temp = get_temp(zhongxin_data)          # 中心城未来一周平均气温
26    # 获取日期
27    date = []
28    for day in range(7):
29        date.Append(saijia_data["forecasts"][day]["date"])
```

绘制数据图

有了平均气温，我们就可以绘制数据图了。我们需要用到matplotlib库——这也是一个第三方库，请自行安装。

如果你用的是原生Python + IDLE，请在命令行窗口执行如下命令：

```
pip install matplotlib
```

使用Thonny的同学需要在"包管理"窗口中搜索matplotlib，然后安装。

将数据绘制成曲线图非常简单，只需要用到matplotlib库中pylpot模块的plot()函数。

每个数据点有横、纵两个坐标。对于未来7天的气温数据，横坐标就是日期，可以从爬虫获取到的数据中读取；纵坐标当然就是刚才计算出的气温数值。只要将横坐标（日期）和纵坐标（气温）传入plot()函数，就可以绘制图像了。

完成绘制后，我们还需要用show()函数将图像显示出来。

在程序2.6末尾增加程序2.7中的代码，运行后，结果如图2-13所示。你可以通过调整图像窗口的边缘来调整图像大小。

程序2.7　在程序2.6末尾增加的代码

```
30    import matplotlib.pyplot as plt    # 导入matplotlib库中的pyplot模块
31
32    # 绘制曲线图
33
34    plt.plot(date,saijia_temp)          # 画赛加市图像
35    plt.plot(date,zhongxin_temp)        # 画中心城图像
36
37    plt.show()
```

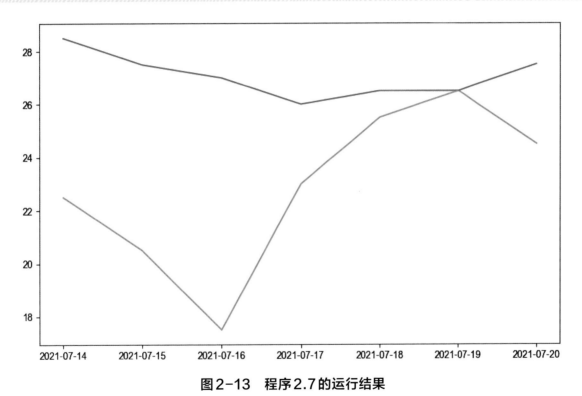

图2-13　程序2.7的运行结果

添加图像信息

使用plot()函数绘制的图像实在太简单了。我们既不知道两条曲线是什么意思，

也不知道横、纵坐标分别代表什么。为了让信息更明确，我们需要为图像添加图例和坐标轴标签。

添加图例需要两步操作。首先，在绘制曲线时，为 `plot()` 函数增加 `label` 参数；其次，在 `show()` 函数之前添加 `legend()` 函数。

添加坐标轴标签需要用到两个函数，即横坐标标签 `xlabel()` 和纵坐标轴标签 `ylabel()`。这两个函数的使用方法非常简单，只需要将字符串作为函数参数即可。

所以，我们在程序2.7中 `plt.show()` 之前（如第33行）添加以下5行代码：

```
plt.xlabel("日期")
plt.ylabel("气温(℃)")
plt.plot(date,saijia_temp, label='赛加市气温')
plt.plot(date,zhongxin_temp, label='中心城气温')
plt.legend()
```

不过当我们运行程序，却发现图中的"日期""气温"两处汉字都变成了方框。这是因为matplotlib中使用的默认字体无法显示中文，所以需要修改默认字体。

在程序2.7的开头导入 `matplotlib.pyplot` 后（如第31行），添加如下代码：

```
plt.rcParams['font.sans-serif']=['SimHei']
plt.rcParams['axes.unicode_minus']=False
```

如果你用的是macOS系统，那么代码要改为：

```
plt.rcParams['font.sans-serif']=['Arial Unicode MS']
```

这样就可以在matplotlib绘制的图像中显示中文了，如图2-14所示。

注意： 输入中文后，在输入代码时一定不要忘记切换成英文状态。

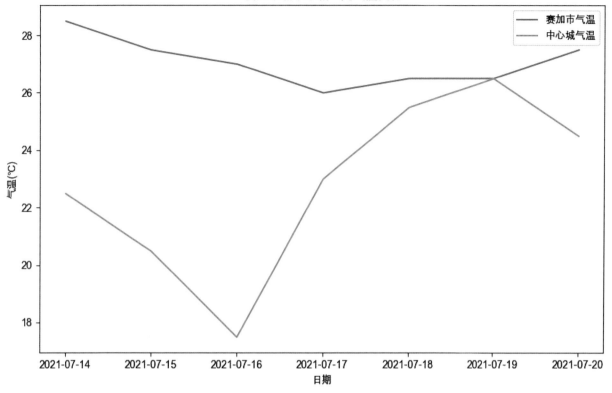

赛加市和中心城一周气温变化

图2-14　运行效果

我们还可以在 show() 函数之前添加 plt.title() 函数，为数据图添加标题：

```
plt.title('赛加市和中心城一周气温变化')
```

绘制数据图部分的代码如程序2.8所示。

程序2.8　绘制数据图部分的代码

```
1       import matplotlib.pyplot as plt
2
3       plt.rcParams['font.sans-serif']=['SimHei']
4       plt.rcParams['axes.unicode_minus']=False
```

```
5    ''' macOS系统使用下面这行代码
6    plt.rcParams['font.sans-serif']=['Arial Unicode MS']
7    '''
8
9    plt.plot(date,saijia_temp, label='赛加市气温')
10   plt.plot(date,zhongxin_temp, label='中心城气温')
11   plt.legend()
12   plt.xlabel("日期")
13   plt.ylabel("气温(℃)")
14   plt.title('赛加市和中心城一周气温变化')
15   plt.show()
```

将程序2.6、程序2.7和程序2.8合并，我们就可以得到利用API爬取天气数据，并绘制气温变化图的完整代码，如程序2.9所示。

程序2.9　利用API爬取天气并绘制气温变化曲线图

```
1    import requests
2    import matplotlib.pyplot as plt
3
4    url_saijia = '                                          '
5    url_zhongxin = '                                        '
6
6    # 获取赛加市数据
7    r = requests.get(url_saijia)
8    r.encoding = 'utf-8'   # 设置编码方式
9    saijia_data = r.json()
10
11   # 获取中心城数据
12   r = requests.get(url_zhongxin)
13   r.encoding = 'utf-8'   # 设置编码方式
14   zhongxin_data = r.json()
15
```

```
16    # 使用函数获取平均气温
17    def get_temp(data):
18        temp = []
19        forecasts = data["forecasts"]                    # 提取预报数据
20        for day in range(len(forecasts)):                # 对每天循环
21            ave = (forecasts[day]["high"] + forecasts[day]["low"]) / 2
22            temp.Append(ave)    # 存入列表
23        return temp
24
25    saijia_temp = get_temp(saijia_data)
26    zhongxin_temp = get_temp(zhongxin_data)
27    # 获取日期
28    date = []
29    for day in range(7):
30        date.Append(saijia_data["forecasts"][day]["date"])
31
32    # 设置中文字体
33    plt.rcParams["font.sans-serif"] = ["SimHei"]
34    plt.rcParams["axes.unicode_minus"] = False
35    """ macOS系统使用下面这行代码
36    plt.rcParams['font.sans-serif']=['Arial Unicode MS']
37    """
38
39    # 绘制气温变化曲线图
40    plt.plot(date, saijia_temp, label="赛加市气温")
41    plt.plot(date, zhongxin_temp, label="中心城气温")
42    plt.legend()
43    plt.xlabel("日期")
44    plt.ylabel("气温(℃)")
45    plt.title("赛加市和中心城一周气温变化")
46    plt.show()                                           # 显示图像
```

合理合法使用爬虫

读完本章，你应该对爬虫有了一定的了解。在本书中，我们只是介绍最简单的爬虫，展示最简单的数据分析处理，为你打开数据世界的大门。

如何利用爬虫搜集数据，如何处理分析数据，同样是很深的学问。但只要你能坚持不懈地深入学习和探索，一定能成为真正的数据高手。

虽然爬虫在获取数据时是非常好用的工具，但我们不能滥用爬虫。爬虫使用不当也会造成危害。

通过爬虫获取网站数据的速度非常快，如果有大量爬虫访问同一个网站，就会给网站服务器造成很大压力，影响其他人的正常使用。还有一些人会通过爬虫技术获取非法数据，比如搜集服务器上的用户隐私数据，或者从小说、图片、视频网站抓取内容造成侵权。

无论是非法获取数据，还是利用爬虫来干扰其他人的网站，都是违法犯罪行为，将会受到法律的制裁。

所以，在使用爬虫时，一定要注意合理合法。利用爬虫获取的内容一定要是网站的公开内容，不能使用不正当的方式破解网站。你可以通过网站的robots.txt文件来查看哪些内容是不允许爬虫访问的。一般来说，只要在网站的网址后面加上/robots.txt就可以查看这个文件。比如我们前面用过的NASA数据网站，它的robots.txt地址就是nssdc.gsfc.nasa.gov/robots.txt。

对允许爬取的内容，获取数据时也不要太频繁，速度不要太快。除非网站允许，不要用获取到的数据来盈利。

智慧的核心——算法

 禾木：这道数学题太难了，我做了那么多计算，还是没做出来。不过，这些计算比起人工智能要处理的大数据可少多了。幸亏有计算机，才能处理这么多数据。

 桃子：计算机确实很厉害，不过禾木，你的方法好像不对。明明只需要一半的计算量就可以得到答案的。

 小核桃：其实人工智能处理数据也像做题一样。有好的方法，也有不好的方法；有简单的方法，也有复杂的方法。这些分析处理数据的不同方法是人类智慧的结晶，我们也可以把它们称为"算法"。人类总结出的算法，正是构成人工智能智慧的核心。

什么是算法

不管做什么事，都需要经过特定的步骤。比如，你想煮面条，可能需要经过图3-1所示的步骤。在烹饪时，我们这样的步骤称为工序，而在计算机、编程领域，我们通常称之为算法。算法就是用计算机解决问题的方法、步骤。想要用计算机实现人工智能，就要让计算机学会各种问题的解决方法，也就离不开各种各样的算法。

图3-1　煮面的步骤：①向锅内添水；②点火，等水沸腾；③放面条；④等待面条煮熟；⑤关火

要解决不同的问题，需要使用不同的算法。即使针对同一个问题，可能也有不同的算法，而且不同的算法中，可能有的能快速解决问题，有的就会慢很多。在本章中，我们会一起了解几个简单的算法，领略算法的精妙之处。

二分法搜索

禾木和桃子在玩猜数字游戏。禾木在心中想了1 ~ 100中的一个数字，让桃子去猜。桃子每猜一次，禾木就会告诉她猜的结果是大了还是小了，如图3-2所示。

图3-2 猜数字游戏

如果你来玩，会怎么猜呢？最简单的方法就是像图3-3这样从小到大一个一个地尝试。不过，这样实在是太慢了，万一禾木想的数字是100，那我们岂不是要猜100次才能猜中。

图3-3 最简单的猜数字方法（从小到大一个一个地尝试）

我们也可以大胆一点，每隔10个数猜一次，然后等禾木说"大了"，就找到了10位数，之后再猜个位就可以了，如图3-4所示。这样猜数字的效率就大幅提高了，最多我们只需要猜20次，就能找到目标。

我们还可以随机猜，然后随时根据禾木的反馈调整。用这种方法，你有信心几次能猜中呢？

这些不同的猜法，就是猜数字问题的不同算法。这些算法的效率有高有低，差距明显。

图3-4　间隔10猜数字

桃子想了一个好办法，最多只要7次就一定能猜中。你知道她是怎么做的吗？桃子的算法很简单：从1～100的中间数50开始猜，如果50大了，那么再猜1～50的中间数25；如果50小了，就猜另一半的中间数75。然后继续这样猜中间数（如果中间数是两个数字，就每次都选奇数或都选偶数），如图3-5所示。这样不断猜下去，每一次都能把猜的范围缩小一半，最终剩下唯一的数字，就是答案了。所以只需要3次，就可以猜到62。你可以随便找个数字试试，看看是不是最多7次就能猜中，想一想为什么。

像猜数字这样从很多数据中找到特定数据的问题可以称为搜索问题。桃子用的方法是一种解决搜索问题时非常经典的算法，针对的是那些已经排好顺序的数据。在搜索时，这种方法会不断把搜索范围分成两部分，因此称为二分法。

二分法是一种非常有效率的搜索算法。根据二分法的原理，我们可以很容易地得到结果。随着搜索次数的增加，二分法能搜索的范围是呈指数增长（范围 $S = 2^n$）的，也就是说，即使把猜数字的范围扩大到100亿，使用二分法来查找也只不过需要34次就能猜到正确的结果。

你可能觉得，猜数字只是一个游戏，能有什么用处呢？其实能用到二分法的搜索问题在生活中非常常见。

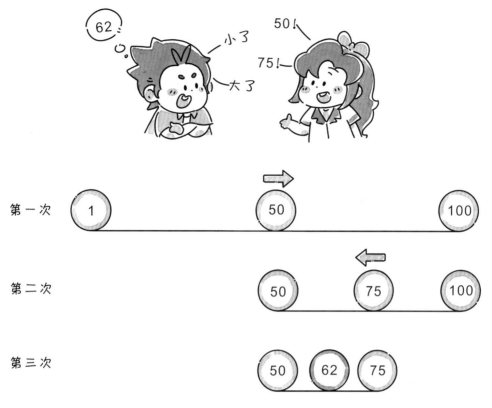

图3-5　桃子的猜数字算法

我们可以再设想这样一个场景：期末考试结束，老师给了你一沓试卷，请你帮忙找出考90分的同学。这些试卷已经整理过了，按照分数从小到大排列，并且每张试卷的分数都不同。聪明的你可能翻几下、扫一眼很快就能找到。可惜计算机没有扫一眼的功能，而且如果我们手里不是几十张试卷，而是几十万张呢？在大数据时代，几十万量级的数据只是小儿科而已。

假设有10张试卷，分数分别是35、56、58、60、74、80、83、88、90和96。按照编程的习惯，我们给它们编号0～9。我们来看看如何使用二分法找到90分的试卷。

我们先选择最中间的试卷，不过10是个偶数，中间有两个数，我们可以随意选择其中之一，这里选择较小的一个，也就是第5张试卷，编号为4，是74分。90比74大，说明90分试卷在编号4的右侧，也就是目标试卷是编号5～9中的一张，如图3-6所示。

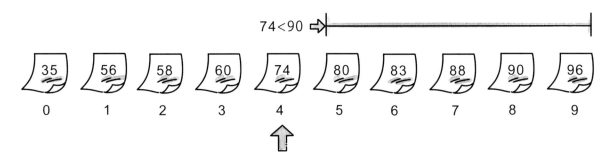

图3-6　90分的试卷在编号4的右侧

我们现在选择后5张试卷的中间第8张试卷，编号7，是88分，那么90分试卷在88分试卷的右侧，这样只剩下两张试卷8号和9号了。

两张试卷的中间没有其他试卷，我们仍选较小的那张，也就是编号8，刚好就是90分的试卷。这样我们通过3次判断，就找到了目标。如果我们一个一个地找，运气好的时候可能只要2次就能找到目标；可运气不好猜错了方向，就要9次才能找到目标。

不过，像上面这样的思路，计算机是无法执行的。想要让计算机看懂算法，必须要用程序语言。如何把这个过程变成程序呢？如何用程序语言表达选择中间的试卷呢？

程序3.1可以根据二分法的思想，从排好顺序的试卷中，找到你要找的试卷。运行程序后，程序会要求你输入想要查找的分数，按Enter键确认后，会得到它的位置。如果输入35，则会返回0。你可以在配套资源网站上找到写好的程序文件。

程序3.1　二分法

```
1    def bin_search(N,target):        # 将二分法写成函数
2        left = 0                      # 搜索范围最左（左边界）是0号
3        right = len(N) - 1            # 搜索范围最右（右边界）是(len(N)-1)号
4        while left <= right:          # 当搜索范围的左边界超过右边界，搜索结束
5            mid = (right - left) // 2 + left
6            # 计算中间元素的编号，编号一定是整数，所以用保留整数的除号 //
7            if target == N[mid]:      # 如果中间的元素等于目标
8                return mid            # 那么说明找到了目标，返回中间元素的编号
9            elif target < N[mid]:     # 否则，如果目标小于中间元素
10               right = mid - 1       # 将右边界调整为中间元素的左边第一位
11           else:                     # 否则，（如果目标大于中间元素）
12               left = mid + 1        # 将左边界调整为中间元素的右边第一位
13       return -1
14       # 循环结束，说明没有找到目标，于是返回-1表示没找到。  函数结束
15
16   Grade = [35, 56, 58, 60, 74, 80, 83, 88, 90, 96] # 使用列表储存分数
17   tar = input("输入要找的目标分数（整数）：")              # 要找的目标分数
18   tar = int(tar)
19   position = bin_search(Grade, tar)     # 调用二分法函数寻找目标位置
20   print(position)                       # 将结果显示在屏幕上
```

当然，程序3.1中的代码只是实现二分法的一种方式，你也可以有其他的写法。

这段代码只能找出特定的一份试卷。如果要找出所有不及格（低于60分）的试卷，应该怎样修改？

二分法的思想在生活中还有很多用途，比如查阅一本陌生的英文词典，可以用二分法快速找到自己想要查的单词；当很长范围内的电路出现故障时，电路工程师可以用二分法快速定位具体的故障地点。

排序

二分法是一种非常有效的搜索方法。不过要使用这种算法，必须先按照大小把想要搜索的数据排序。排序这个工作，人类做起来也很烦琐，那么有没有什么算法能让计算机来处理排序问题呢？

排序算法有很多种，冒泡算法就是一种非常基础的排序算法。冒泡算法的原理很简单。如果我们想用冒泡算法从小到大地排列一组数字，比如8、6、11、7这4个数字，那么程序会从头到尾地检查所有数字。如果相邻的两个数字中，第一个数字比第二个数字大，那么交换这两个数字。然后，检查第二个和第三个数字，第三个和第四个数字……直到全部检查完。所有数字检查并交换完一轮后，就完成了第一轮冒泡，让最大的数字像泡泡一样冒到了最顶上（最后面），如图3-7所示。

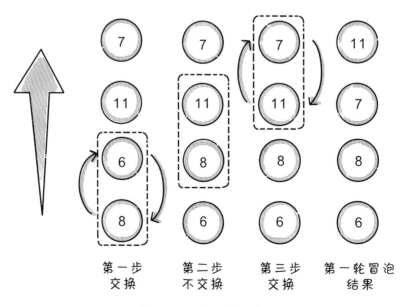

图3-7　第一轮冒泡

不过，一轮冒泡还不能排好所有数字，所以我们还需要执行第二轮冒泡算法。还是和第一次一样，我们从头开始，依次比较相邻数字的大小，如果前面的数字比后面的大，就交换这两个数字的位置。只不过这一次不再需要比较全部数字，只要检查到倒数第二个数字就可以了。因为经过第一轮冒泡，已经把最大的数字排到了最后一位。第二轮冒泡把第二大的数字排到了倒数第二的位置，这样最大的两个数字都被排好了，如图3-8所示。

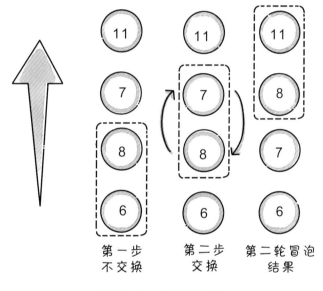

第 一 步　　　　　第 二 步　　　　第二轮冒泡
不 交 换　　　　　交 换　　　　　结 果

图3-8　第二轮冒泡

我们按照这种方式不断执行一轮轮冒泡算法，每一轮冒泡都可以排好一个数字，而需要进行冒泡排序的数字也就相应减少一个。对于 N 个数字，经过（$N-1$）轮冒泡后，就只剩一个数字没有经过排序，而只有一个数字也就不需要排序了，也就是说，数字被完全排好顺序了。程序3.2就是冒泡算法的程序。

程序3.2 冒泡排序

```
1    def bubbleSort(N):                              # 把冒泡排序写成函数
2        for i in range(1, len(N)):                  # 循环第 i 轮冒泡（从1开始数）
3            for j in range(0, len(N)-i):            # 循环第 j 个相邻数字（从0开始数）
4                if N[j] > N[j+1]:                    # 如果前面的数字大于后面的数字
5                    N[j], N[j + 1] = N[j + 1], N[j]  # 交换相邻数字
6        return N                                     # 返回排好序的列表，函数结束
7
8    N = [9, 8, 7, 6, 5, 4, 3, 2, 1, 0]              # 用列表储存需要排序的数字
9    print(bubbleSort(N))                             # 调用冒泡排序函数，输出结果
```

冒泡算法是一个非常经典的算法，它简单明了，容易理解。不过冒泡算法并不像二分法一样使用广泛，因为相对其他排序算法，如归并排序、快速排序，冒泡算法的效率并不高。不过，它对于我们学习编程、理解算法的概念非常有帮助。

线性回归

我们已经了解了二分法搜索和冒泡排序两种算法。不过，这两种算法似乎和人工智能没有直接关系。下面我们就来了解一种在基础的人工智能中也会用到的算法。

在生活中，很多现象是互相关联的，或者叫相关。比如身高和体重之间有关系；山顶的气温和山的高度有关系；气温和商店里卖出冰淇淋的数量有关系；每天锻炼身体的时间和健康有关系；努力程度和学习成绩有关系。人工智能就可以通过大量数据，分析这种相关关系，从而做出预测。

在各种关系中，最简单的关系之一就是线性关系。线性关系指的是，相关的两个因素，一个随着另一个发生均匀的变化。比如我们买东西时，如果单价固定不变，那么数

量和总价就是线性关系。随着数量的增加，总价也在均匀增加，写成公式就是：

$$y（总价）= k（单价）\times x（数量）$$

如果我们在平面直角坐标系中，用数量x作为横坐标，用总价y作为纵坐标，那么点(x, y)就表示了不同的数量和总价。把这些点连接起来，就可以得到一条直线，它代表的就是总价y和数量x之间的关系，直线的倾斜程度代表了单价k，如图3-9所示，所以称之为线性关系。其实这就是我们在初中数学中学到的一次函数图像。

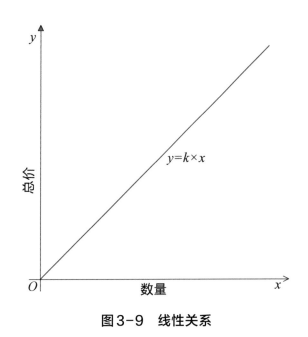

图3-9 线性关系

在生活中，还有各种各样的线性关系。你也许注意过，如果父母长得比较高，孩子成年后往往也会比较高。那么，父母和孩子成年后的身高是不是线性关系呢？你也许会有所怀疑，因为父母的和子女的身高相反的情况也并不少见。

为了研究这个问题，禾木和桃子在学校中进行了调查采访，了解很多对父母的平均身高和成年子女的身高。考虑到男性的身高一般比女性高，为了排除性别对身高的影响，所以只选取了子女是男性的数据，最终他们得到了50组数据（见表3-1）。你能将数据输入Python，并把这些数据画在坐标系中吗？

表3-1　身高数据

序号	父母平均身高（cm）	儿子身高（cm）	序号	父母平均身高（cm）	儿子身高（cm）
1	167.6	175.3	26	171.4	177.8
2	165.1	172.7	27	170.2	172.7
3	170.2	169.4	28	172.1	182.9
4	180.3	185.4	29	170.8	180.3
5	168.9	179.1	30	170.2	177.8
6	172.1	178.3	31	168.3	179.1
7	170.2	172.7	32	166.4	166.4
8	167.6	177.8	33	168.3	176.5
9	165.1	172.0	34	162.6	181.6
10	170.2	177.8	35	172.3	188.0
11	170.2	175.3	36	170.2	177.8
12	167.6	177.0	37	167.6	175.3
13	170.8	177.8	38	173.4	182.9
14	180.3	194.3	39	171.4	175.3
15	169.5	180.3	40	168.9	177.8
16	161.3	165.1	41	173.4	174.0
17	163.2	180.3	42	170.2	181.6
18	165.1	162.6	43	172.3	174.0
19	167.0	180.3	44	171.4	200.7
20	168.9	175.3	45	165.1	170.2
21	159.4	172.7	46	162.6	170.2
22	168.9	177.0	47	177.8	170.2
23	160.0	170.2	48	176.5	177.8
24	165.1	171.4	49	171.4	172.7
25	171.4	172.7	50	170.2	174.0

在这里，我们需要绘制的不是曲线图，而是只有数据点的散点图。想要绘制散点图，只需要将plot()改为scatter()即可。你既可以参考程序3.3，也可以在配套资源网站上找到写好的程序文件。

程序3.3　绘制父母平均身高和儿子身高散点图

```
1    import matplotlib.pyplot as plt              # 导入画图的 Python 库
2
3    parents_height = [按照上表以列表形式输入]     # 输入父母平均身高数据
4    child_height = [按照上表以列表形式输入]        # 输入儿子身高数据
5
6    plt.scatter(parents_height, child_height)     # 画散点图
7    plt.xlabel("average height of parents  (cm)") # 设置横坐标轴标签
8    plt.ylabel("height of children  (cm)")        # 设置纵坐标轴标签
9    plt.show()                                    # 显示图像
```

为了方便，我们使用了英文的坐标轴标签。你可以参考第2章中的方法，将其改成中文标签。运行程序3.3中的代码，最终结果如图3-10所示。

显然，这些点无法连成一条直线。不过，这些点虽然看起来非常杂乱，但是你一定发现了，它们也有一定的规律，那就是这些点大多集中在从左下角到右上角的这条直线附近！

这说明父母和孩子成年后的身高同样存在一定的线性关系。父母越高，孩子成年后一般也会越高，这就是生物学上的遗传。虽然遗传是影响身高的重要因素，但还有很多因素都会或多或少地影响身高，比如营养充足就容易长得更高，男性一般比女性更高，还有一些其他尚不清楚的因素，也会造成影响。即使是同一对父母的孩子，身高可能也有高有矮。这就让所有的点虽然有一定的规律，但是也非常散乱。

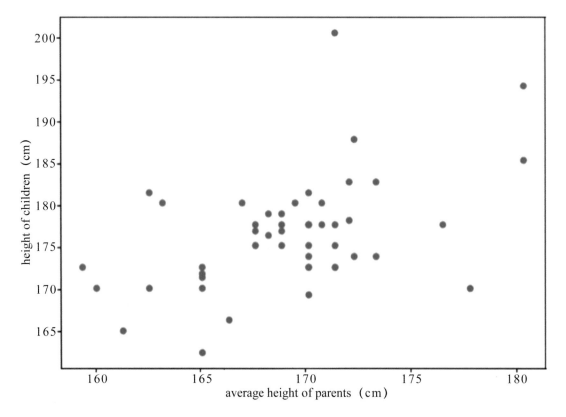

图 3-10　运行程序 3.3 的结果

　　如果我们能把隐藏在这些点中的直线确切地找出来，就可以根据父母的平均身高来预测孩子的大概身高了。那么，到底怎么才能找出这条直线呢？

　　从大量数据中发现数据间的联系，找出比较准确的定量规律，在统计学上称为回归分析。这也是人工智能从数据中提取规律，进而做出一定预测的一种基础方法。如果找出的规律能用一条直线来代表，那就是线性回归。找到这条直线的过程，在人工智能领域就是训练模型。

　　在数学上我们学过，直线可以用函数 $y=kx+b$ 来表示，满足这个公式的点 (x,y) 就是直线上的点，参数 k 和 b 可以确定这条直线是什么样子。在这个身高问题中，x 就是父母的平均身高，y 就是儿子的身高。只要求出 k 和 b 就能确定直线，并进一步根据给定的 x 预测出 y。进行线性回归分析的一种基本方法称为最小二乘法。

对于所有的数据点 (x_i, y_i)，可以通过以下最小二乘法算式计算：

$$k = \frac{\sum(x_i - \overline{x})(y_i - \overline{y})}{\sum(x_i - \overline{x})^2} = \frac{\overline{xy} - \overline{x}\,\overline{y}}{\overline{x^2} - (\overline{x})^2}$$

$$b = \overline{y} - k\overline{x}$$

其中，字母上面的横线表示平均值，如 $\overline{x}$ 表示所有 x 的平均值，$(\overline{xy})$ 表示每一组 xy 的平均值。

我们将最小二乘法写成一个函数，如程序 3.4 所示。注意，程序 3.4 只是一个函数，不能独立运行。

程序 3.4　线性回归最小二乘法

```
1    def LinearRegression(x, y):
2        ave_x = sum(x) / len(x)          # 计算x的平均值
3        ave_y = sum(y) / len(y)          # 计算y的平均值
4        # 以下计算x*y和x**2的平均值
5        ave_xy = 0
6        ave_x2 = 0
7        for i in range(0, len(x)):
8            ave_xy = ave_xy + x[i] * y[i]    # 循环将所有x[i]*y[i]相加
9            ave_x2 = ave_x2 + x[i] ** 2       # 循环将所有x[i]**2相加
10       ave_xy = ave_xy / len(x)          # 将所有x*y的和除以个数，求平均值
11       ave_x2 = ave_x2 / len(x)          # 将所有x**2的和除以个数，求平均值
12       # 以下通过最小二乘法公式计算k和b
13       k = (ave_xy - ave_x * ave_y) / (ave_x2 - ave_x ** 2)
14       b = ave_y - k * ave_x
15       return k, b
```

调用函数 LinearRegression()，可以求取 *k* 和 *b*，完成模型训练。再使用模型直线 *y*=*kx*+*b*，就可以根据父母的平均身高预测儿子的大概身高了，如程序 3.5 所示。注意，程序 3.5 不能独立运行，需要调用程序 3.3 输入的数据和程序 3.4 的函数。

程序 3.5　训练模型并预测身高

```
1    k, b = LinearRegression(parents_height, child_height)
2    #调用线性回归函数，训练模型，求出k和b
3
4    def predict(x, k, b):                        # 预测结果的函数
5        return k * x + b
6
7    # 以下求出父母身高150～200cm时对应儿子的大概身高
8    x = [i for i in range(150, 200)]
9    y = [predict(i, k, b) for i in x]
10
11   # 以下画出散点图和线性回归分析得出的直线
12   plt.plot(x, y,'r')
13   plt.scatter(parents_height, child_height)
14   plt.xlabel("average height of parents  (cm)")
15   plt.ylabel("height of children  (cm)")
16   plt.show()
```

将程序 3.3 ～程序 3.5 依次组合起来，我们就可以得到完整的程序 3.6。它可以通过父母平均身高来预测儿子成年后的身高。你可以在配套资源网站上找到写好的程序文件。

程序运行后可以画出数据散点图和回归分析得到的直线，如图 3-11 所示。这个程序就可以看作一个极其简陋的人工智能，它使用了线性回归模型。

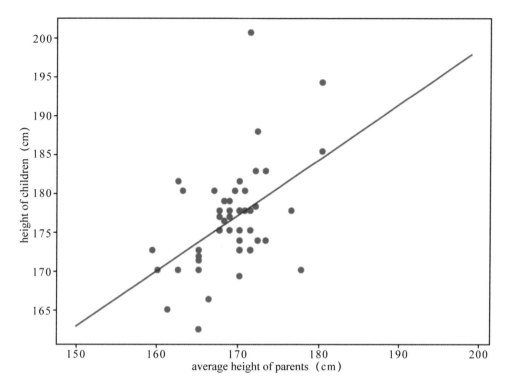

图3-11　通过线性回归根据父母平均身高预测儿子成年身高

程序3.6　线性回归根据父母身高预测儿子成年身高

```
1    import matplotlib.pyplot as plt          # 导入画图的Python库
2    # 输入父母平均身高数据
3    parents_height = [167.6,165.1,170.2,180.3,168.9,172.1,170.2,
4                      167.6,165.1,170.2,170.2,167.6,170.8,180.3,
5                      169.5,161.3,163.2,165.1,167.0,168.9,159.4,
6                      168.9,160.0,165.1,171.4,171.4,170.2,172.1,
7                      170.8,170.2,168.3,166.4,168.3,162.6,172.3,
8                      170.2,167.6,173.4,171.4,168.9,173.4,170.2,
9                      172.3,171.4,165.1,162.6,177.8,176.5,171.4,170.2]
10   # 输入儿子身高数据
11   child_height = [175.3,172.7,169.4,185.4,179.1,178.3,172.7,177.8,
```

```
12              172.0,177.8,175.3,177.0,177.8,194.3,180.3,165.1,180.3,
13              162.6,180.3,175.3,172.7,177.0,170.2,171.4,172.7,
14              177.8,172.7,182.9,180.3,177.8,179.1,166.4,176.5,
15              181.6,188.0,177.8,175.3,182.9,175.3,177.8,174.0,181.6,
16              174.0,200.7,170.2,170.2,170.2,177.8,172.7,174.0]
17
18      # 定义最小二乘法函数
19      def LinearRegression(x, y):
20          ave_x = sum(x) / len(x)              # 计算x的平均值
21          ave_y = sum(y) / len(y)              # 计算y的平均值
22          # 以下计算x*y和x**2的平均值
23          ave_xy = 0
24          ave_x2 = 0
25          for i in range(0, len(x)):
26              ave_xy = ave_xy + x[i] * y[i]    # 循环将所有x[i]*y[i]相加
27              ave_x2 = ave_x2 + x[i] ** 2      # 循环将所有x[i]**2相加
28          ave_xy = ave_xy / len(x)             # 将所有x*y的和除以个数，求平均值
29          ave_x2 = ave_x2 / len(x)             # 将所有x**2的和除以个数，求平均值
30          # 以下通过最小二乘法公式计算k和b
31          k = (ave_xy - ave_x * ave_y) / (ave_x2 - ave_x ** 2)
32          b = ave_y - k * ave_x
33          return k, b
34
35      k, b = LinearRegression(parents_height, child_height)
36      #调用线性回归函数，训练模型，求出k和b
37
38      def predict(x, k, b):                        # 预测结果的函数
39          return k * x + b
40
41      # 以下求出父母身高150 ~ 200cm时对应儿子的大概身高
42      x = [i for i in range(150, 200)]
43      y = [predict(i, k, b) for i in x]
44
```

```
45    # 以下画出散点图和线性回归分析得出的直线
46    plt.plot(x, y,'r')
47    plt.scatter(parents_height, child_height)
48    plt.xlabel("average height of parents  (cm)")
49    plt.ylabel("height of children  (cm)")
50    plt.show()
```

K 最近邻算法

橘子和橙子都是非常好吃的水果，而且这两种水果非常相似，它们都是圆形，有着橙黄色的外表，如图3-12所示。不过，禾木和桃子的口味有所不同，禾木喜欢吃橘子，他觉得剥橙子皮实在是太麻烦了；而桃子喜欢吃橙子，她觉得橙子的口感比橘子更好。

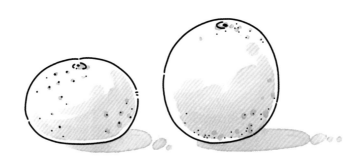

图3-12　橘子和橙子长得很像

不巧的是，这一天禾木买了橘子，桃子买了橙子，结果不小心混在了一起。现在他们需要把两种水果分开，挑出自己喜欢的水果。

对于熟悉两种水果的同学来说，这可能也就是看一眼的事。那么我们"看一眼"的过程到底是根据什么来区分的呢？能不能把这个过程写成算法，教给人工智能呢？

从外观来看，橘子和橙子虽然相似，但是也有明显的不同。一般来说，橙子的个头更大，也更圆，表皮也更光滑；而橘子一般会小一些，呈扁圆形，而且表皮往往有一些坑坑洼洼。那么我们就可以根据水果的大小、圆度、光滑度来进行分类。为了方便，我们这里根据其中的两个特征——大小、圆度进行区分，编写算法代码。

表3-2是10个橘子和10个橙子，根据大小和圆度两个方面进行打分得到的数据。

表3-2　根据大小和圆度两个方面进行打分得到的数据

编号	橘子										橙子									
	0	1	2	3	4	5	6	7	8	9	10	11	12	13	14	15	16	17	18	19
大小	3.9	4.6	3.8	3.7	4.2	4.3	4.3	5.7	4.9	4.6	7.7	5.9	7.1	8.0	6.1	5.9	7.6	6.6	7.2	6.4
圆度	5.2	4.9	2.6	3.9	4.9	3.7	5.0	3.4	2.5	2.9	8.0	8.7	9.0	9.1	9.0	8.4	7.8	8.1	8.9	8.8

利用程序3.7，我们可以把这些数据画在坐标系中，用横坐标的值表示大小，用纵坐标的值表示圆度。

程序3.7　绘制橘子和橙子的大小圆度散点图

```
1    import matplotlib.pyplot as plt
2    plt.rcParams['font.sans-serif']=['SimHei']
3    plt.rcParams['axes.unicode_minus']=False
4    # 如果是MacOS系统，那么代码要改为
5    # plt.rcParams['font.sans-serif'] = ['Arial Unicode MS']
6
7    # 以下将大小和圆度的数据分别储存在列表中
8    # 每个列表中，前10个（0～9）是橘子，后10个（10～19）是橙子
9    size =      [ 3.9, 4.6, 3.8, 3.7, 4.2, 4.3, 4.3, 5.7, 4.9, 4.6,
10                 7.7, 5.9, 7.1, 8.0, 6.1, 5.9, 7.6, 6.6, 7.2, 6.4 ]
11   roundness = [ 5.2, 4.9, 2.6, 3.9, 4.9, 3.7, 5.0, 3.4, 2.5, 2.9,
12                 8.0, 8.7, 9.0, 9.1, 9.0, 8.4, 7.8, 8.1, 8.9, 8.8 ]
13
```

```
14    l1 = plt.scatter(size[:10], roundness[:10],label = "橘子")
15    l2 = plt.scatter(size[10:], roundness[10:],label = "橙子")
16    plt.legend()
17    plt.xlabel("大小")
18    plt.ylabel("圆度")
19    plt.show()
```

运行上述程序，结果如图3-13所示。显然，橙子分布在图的右上角，而橘子分布在图的左下角。

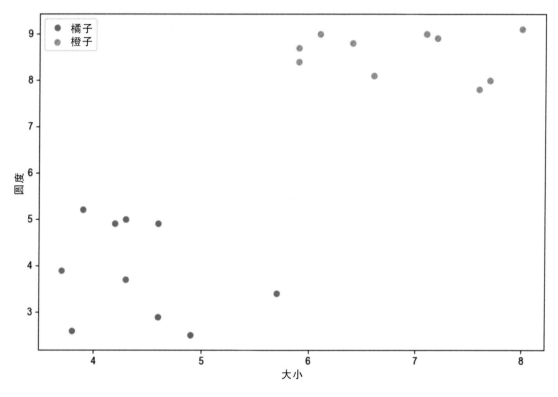

图3-13　橘子橙子大小圆度散点图

这时，禾木拿起一个新的水果，判断这个水果的大小可以打5.5分，圆度可以打5.7分。如果把它也画在坐标系中，就会在中间位置，如图3-14所示。

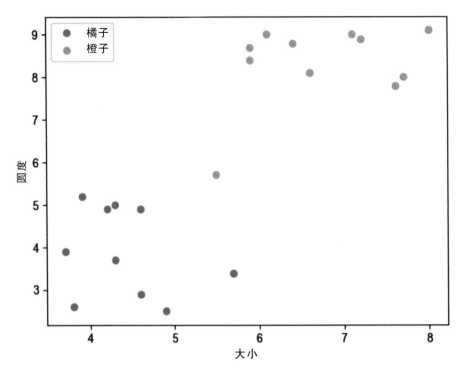

图3-14 红点是新水果的数据点

那么，如何判断这个水果是橘子还是橙子呢？我们可以根据在坐标轴中这个新水果周围都是什么水果来判断。如果这个水果四周橘子较多，那么它很可能也是橘子。这种方法就是 K 最近邻算法，简称 KNN 算法。在图像识别、推荐系统、文本分类等方面的人工智能中，都有 K 最近邻算法的身影。

K 最近邻算法可以分为下面 3 个步骤。

第一步，获取合适的训练数据。这就是我们前面做的，找到足够数量的橘子和橙子，并给它们的大小和圆度打分。K 最近邻算法在人工智能中属于监督学习算法，需要人类在输入数据时给数据打标签，也就是要告诉人工智能程序每一组（大小，圆度）的得分数据对应的是橘子还是橙子，来让程序进行学习。

第二步，输入我们想要进行分类的新数据，计算它和每一个数据点之间的距离。既然我们把数据点画在了坐标系上，就可以使用平面上的点距离公式来计算，即

$$d=\sqrt{(x-x_0)^2+(y-y_0)^2}$$

在Python中，我们使用math库中的sqrt()函数来进行开方运算。第二步的代码如程序3.8所示。注意，程序3.8在运行时需要使用程序3.7中输入的数据，不能单独运行。

程序3.8 计算点之间的距离

```
1     from math import sqrt
2     distance = []
3     # 输入新水果的数据
4     new_size = input("请输入新水果的大小: ")
5     new_roundness = input("请输入新水果的圆度: ")
6     # 转换为浮点数
7     new_size = float(new_size)
8     new_roundness =float(new_roundness)
9     # 计算距离
10    for i in range(len(size)):
11        d=sqrt((size[i]-new_size)**2+(roundness[i]-new_roundness)** 2)
12        distance.Append(d)
```

最后，对第二步中计算出的距离进行排序，找出离新数据最近的k个点，也就是最近邻，看看到底是橘子多还是橙子多，从而判断新数据是什么水果。在程序3.9中，我们把k设置为3。你也可以把它改为其他值。

第三步代码如程序3.9所示。运行程序3.9需要用到程序3.7和程序3.8输入的数据，不能单独运行。

程序 3.9　K最近邻分类

```
1    import numpy as np              # 导入 numpy 库
2    k = 3                          # 设置近邻数量 k 为 3
3    sort_d = np.argsort(distance)  # 使用 numpy.argsort() 函数排序
4    # 下面统计橘子的数量
5    mandarin = 0                   # 橘子的英文是 mandarin，橙子是 orange
6    for i in range(k):
7        if sort_d[i] < 10:         # 根据第一步输入数据时的顺序，如果序号是 0 ~ 9
8            mandarin +=1           # 那么这个最近邻水果是橘子，橘子数量 +1
9    if mandarin > k//2:            # 如果橘子数量超过最近邻的一半
10       print("这个水果是橘子")      # 说明最近邻中橘子更多，新水果是橘子
11   else:
12       print("这个水果是橙子")      # 否则新水果是橙子
```

在排序时，我们用到了一个新的第三方库 Numpy 库。这是一个著名的数学计算开源库，已应用于很多与科学、计算相关的 Python 项目。你可以通过 pip 安装：

```
pip install numpy
```

当然，你也可以在 Thonny 的包管理中搜索 numpy 来安装。

我们在排序过程中使用了 Numpy 库中的 argsort() 函数，而没有使用 Python 自带的 sorted() 函数。argsort() 函数不是直接返回排好的数值，而是返回原来排好后数字所对应的序号（索引值）。比如，对于 [2, 3, 1] 这个列表，排序后数字 1 会排在第一位，而它在原列表中的序号是 2；第二位的数字是 2，它的序号是 0；第三位数字是 3，序号是 1。所以，argsort([2, 3, 1]) 的结果是 [2, 0, 1]，如图 3-15 所示。

将程序 3.7、程序 3.8、程序 3.9 合并，我们就可以得到判断水果是橘子还是橙子的完整代码，如程序 3.10 所示。

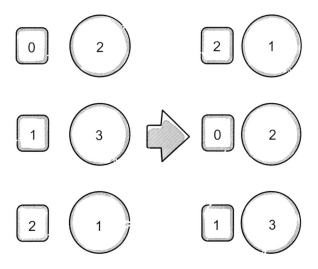

图3-15 argsort()函数的工作方式

运行程序，会先绘制散点图。关闭散点图后，程序会要求你输入新水果的数据，然后进行判断。

程序3.10 K最近邻算法区分橙子或橘子

```
1    import matplotlib.pyplot as plt
2    import numpy as np                 # 导入numpy库
3    from math import sqrt
4
5    plt.rcParams['font.sans-serif']=['SimHei']
6    plt.rcParams['axes.unicode_minus']=False
7    # 如果是macOS系统，那么代码要改为
8    # plt.rcParams['font.sans-serif'] = ['Arial Unicode MS']
9
10   # 以下将大小和圆度的数据分别储存在列表中
11   # 每个列表中，前10个（0～9）是橘子，后10个（10～19）是橙子
12   size =      [ 3.9, 4.6, 3.8, 3.7, 4.2, 4.3, 4.3, 5.7, 4.9, 4.6,
13                 7.7, 5.9, 7.1, 8.0, 6.1, 5.9, 7.6, 6.6, 7.2, 6.4 ]
```

```
14   roundness = [ 5.2, 4.9, 2.6, 3.9, 4.9, 3.7, 5.0, 3.4, 2.5, 2.9,
15                 8.0, 8.7, 9.0, 9.1, 9.0, 8.4, 7.8, 8.1, 8.9, 8.8 ]
16
17   l1 = plt.scatter(size[:10], roundness[:10],label = "橘子")
18   l2 = plt.scatter(size[10:], roundness[10:],label = "橙子")
19   plt.legend()
20   plt.xlabel("大小")
21   plt.ylabel("圆度")
22   plt.show()
23
24   distance = []
25   # 输入新水果的数据
26   new_size = input("请输入新水果的大小: ")
27   new_roundness = input("请输入新水果的圆度: ")
28   # 转换为浮点数
29   new_size = float(new_size)
30   new_roundness =float(new_roundness)
31   # 计算距离
32   for i in range(len(size)):
33       d=sqrt((size[i]-new_size)**2+(roundness[i]-new_roundness)** 2)
34   distance.Append(d)
35
36   k = 3                             # 设置近邻数量k为3
37   sort_d = np.argsort(distance)     # 使用numpy.argsort()函数排序
38   # 下面统计橘子的数量
39   mandarin = 0                      # 橘子的英文是mandarin, 橙子是orange
40   for i in range(k):
41       if sort_d[i] < 10:           # 根据第一步输入数据时的顺序，如果序号是0 ~ 9
42           mandarin +=1             # 那么这个最近邻水果是橘子，橘子数量+1
43   if mandarin > k//2:              # 如果橘子数量超过最近邻的一半
44       print("这个水果是橘子")       # 说明最近邻中橘子更多，新水果是橘子
45   else:
46       print("这个水果是橙子")       # 如果不满足上述情况，则说明新水果是橙子
```

打造人工智能——实战

禾木：小核桃，我们现在已经知道如何用Python写代码，如何为人工智能获取数据，还学习了人工智能的算法，下面是不是就可以真的编写、运行一个人工智能程序了？

桃子：可是我们学习的人工智能算法还非常有限，真的能写出完整的人工智能程序吗？

小核桃：别担心，作为最适合编写人工智能程序的语言之一，已经有很多工程师编写了各种各样的人工智能库，我们可以直接使用库中的人工智能算法。下面我们就利用几个著名的人工智能库来编写人工智能程序。

Python 人工智能库

在第 3 章中，我们介绍了几个简单的人工智能入门算法，看起来好像并不复杂。但是对于效果更好的人工智能，程序的代码一般要复杂得多，而且涉及更高深的数学、编程知识。无数科学家付出了几十年的努力，才让人工智能变得像现在这么"聪明"。对于刚开始接触人工智能编程的初学者来说，那些算法有些过于复杂了。

不过，我们不需要一开始就深入掌握每一行人工智能代码。为了方便人们使用，很多人工智能开发者编写了大量人工智能库，而 Python 的一大优势就是可以方便地调用这些库。这也是 Python 现在被称为"人工智能语言"的重要原因之一。这些人工智能库就像一个个零件，只要我们合理利用，就可以顺利在它们的基础上组装成完整的人工智能程序。

支持 Python 语言的著名人工智能库包括 OpenCV、TensorFlow、PyTorch、Keras 等。

使用 OpenCV 进行人脸识别

图像的检测与识别，或者更广泛地说计算机视觉，是人工智能领域最重要的课题之一。

这可能也是我们日常生活中最常见的人工智能应用之一——你或者爸爸妈妈的手机，说不定就是利用人脸识别解锁的。想不想实现一个属于自己的人脸识别程序呢？下面我们就一起来试试！

在计算机视觉领域，最著名的人工智能库当属OpenCV。它的全称是Open Source Computer Vision Library，可以在多个平台使用。OpenCV由英特尔公司发起并参与开发，以BSD许可证授权开源发行，可以在商业和研究领域中免费使用。OpenCV可用于开发实时的图像处理、计算机视觉以及模式识别程序。像图像检测、人脸识别等常见的功能，都可以利用OpenCV来实现。

安装 OpenCV

我们需要安装包含扩展模块的OpenCV。你可以先尝试使用pip命令直接安装：

```
pip install opencv-contrib-Python
```

如果安装遇到问题，有可能是因为pip的版本太低，你可以用如下命令升级：

```
pip install -- upgrade pip
```

使用Thonny的同学在包管理中搜索opencv-contrib-Python安装。

安装完OpenCV后，我们就可以利用它来构建自己的人工智能应用了。

利用 OpenCV 进行人脸识别

人脸识别是我们最常遇到的计算机视觉问题，OpenCV可以利用神经网络深度学习来实现人脸识别。那么，怎样才能编写程序，让计算机"认出"你的脸呢？

在《写给青少年的人工智能 发展》和《写给青少年的人工智能 应用》这两本书中我们提到，想要利用机器学习认出特定的人脸，需要用大量人脸照片对人工智能程序进行训练，让程序从照片数据中发现规律，提取出这张脸中独一无二的特征，进行学习。

那么，如何获取大量的人脸照片呢？用相机一张张拍摄，然后手动剪裁出脸部图片，这种方法显然太麻烦了。其实，我们可以利用计算机的摄像头来自动获取人脸数据。

在正式开始编写程序前，你可以新建一个文件夹，用于存放人脸识别项目的所有程序文件和数据。

测试 OpenCV 控制摄像头

OpenCV可以控制计算机的摄像头进行拍摄。我们首先编写代码，测试摄像头是否能正常工作。代码如程序4.1所示。你可以在配套资源网站上找到写好的程序文件。

注意，导入OpenCV库时，用到的库名是cv2，而不是OpenCV。

程序4.1 测试OpenCV控制摄像头

```
1    import cv2                          # 导入OpenCV库
2    cap = cv2.VideoCapture(0)           # 将计算机的默认摄像头绑定给cap变量
3    if not cap.isOpened():              # 检测摄像头是否开启
4        cap.open()                      # 若关闭则打开
5    flag = cap.isOpened()
6    while flag:                         # 当摄像头工作正常，循环读取摄像头数据
7        flag, frame = cap.read()        # 读取摄像头图像
8        # flag变量为是否读取成功，frame变量为读取到的图像数据
9        k = cv2.waitKey(10)             # 设置每隔10ms从摄像头读取一次画面（帧）
```

```
10          if  k ==27 or not flag:       # 当按 ESC 键或摄像头工作异常
11              break                     # 退出循环，停止拍摄
12      # ESC 键的 ASCII 编码为 27，你也可以使用别的键，比如 32 代表空格。
13      # 你可以用 ord() 函数来获得可以输入的键的编码值，比如 ord('q')
14          cv2.imshow("face",frame)      # 显示摄像头图像，命名图像窗口为 "face"
15
16      cap.release()                     # 释放摄像头
17      cv2.destroyAllWindows()           # 关闭窗口
```

运行程序 4.1，计算机摄像头会启动，屏幕上会显示摄像头拍摄的内容。按键盘左上角的 ESC 键退出。由于 OpenCV 库比较大，因此在运行程序导入库的时候机器可能会比较慢。

程序运行结束后，你可能会看到像下面这样的警告内容，可以不用管。

```
[ WARN:0] global C:\Users\runneradmin\AppData\Local\Temp\pip-req-
build-1gnnrwcf\opencv\modules\videoio\src\cap_msmf.cpp (438) 'anonymous-
namespace'::SourceReaderCB:: ~ SourceReaderCB terminating async callback
```

如果你的计算机没有摄像头，那么也不必担心。你可以用外接的 USB 摄像头，这时需要把第 2 行程序 cap = cv2.VideoCapture(0) 中的参数从 0 修改为 1、2（需要根据具体情况自行尝试）。

你也可以用手机或其他设备拍摄视频，然后将视频保存到程序 .py 文件所在的文件夹中，然后将 cap = cv2.VideoCapture(0) 中的参数修改为视频文件名。例如：

```
cap = cv2.VideoCapture("人脸.mp4")
```

视频最好转换为 mp4 格式。

注：如果你是在macOS系统下使用Thonny，那么使用OpenCV读取摄像头的程序时，不要直接单击运行按钮，而是单击"运行"菜单下的"在终端运行当前脚本"，如图4-1所示。如果不小心点击"运行当前脚本"按钮，软件可能会报错。这时可单击"停止并重启"按钮，或直接重新打开Thonny。

图4-1　在macOS系统下运行Thonny

测试 OpenCV 人脸检测

如果代码运行顺利，我们就可以进入第二步，检测找出图像中的人脸，并进行提取，从而生成只有面部的照片数据集。

要让程序能够检测出人脸，就要利用算法提取人类面部的通用特征。不过这不需要我们亲手操作，开发OpenCV的科学家和工程师已经把一些人脸检测算法和训练好的特征模型放在库中，比如我们即将使用的Haar级联分离器。我们只需要调用这些算法和模型，就可以从照片和视频中找出人脸了。另外，在人脸识别任务中，一般会先把照片颜色去掉，转化为灰度图，来减少其他因素的干扰。

我们可以通过程序4.2的代码测试人脸检测功能是否正常。

程序4.2　测试人脸检测功能

```
1    import cv2
2
3    # 开启摄像头
4    cap = cv2.VideoCapture(0)
5    if not cap.isOpened():
6        cap.open()
7    flag = cap.isOpened()
8
9    # 载入人脸检测模型
10   faceCascade = cv2.CascadeClassifier(
11       cv2.data.haarcascades + 'haarcascade_frontalface_default.xml')
12   # 在Python中，如果一行代码太长，不方便阅读，可以在括号处换行
13
14   # 开始获取人脸数据
15   while flag:
16       flag, frame = cap.read()
17       k = cv2.waitKey(10)
18       if  k ==27 or not flag:
19           break
20
21       # 转换成灰度图像
22       gray = cv2.cvtColor(frame, cv2.COLOR_BGR2GRAY)
23
24       # 进行人脸检测，获取人脸坐标
25       faces = faceCascade.detectMultiScale(gray, 1.2, 5,
```

```
26                                             minSize=(120,120))
27        # 用矩形框定位人脸
28        for (x, y, w, h) in faces:
29            cv2.rectangle(frame, (x, y), (x+w, y+h), (255, 0, 0), 2)
30        cv2.imshow('face', frame)
31
32    cap.release()
33    cv2.destroyAllWindows()
```

坐在摄像头前，运行程序，程序就会把你的脸部框起来，晃动头部，换个表情，矩形框也会随之移动。不过，出现识别错误在所难免，有时可能会认不出脸，有时也可能会把别的图案当成脸。为了识别准确，最好保证脸部光照良好，不要歪头，转头的角度也不要太大。按ESC键退出程序。

你还可以调节第25行和第26行程序中人脸检测函数faceCascade.detectMultiScale(gray, 1.2, 5,minSize=(120,120))中的最后一个参数minSize，它是检测到的最小人脸的长宽。结合程序的具体运行情况，适当调整这个参数可以减少误识别的人脸。你可以从较小的数值比如(30,30)开始，逐渐增大，直至找出更合适的大小。

采集人脸数据

人脸检测测试成功后，我们就可以正式开始采集人脸数据了。机器学习需要很多数据，我们可以先每人采集1500张照片。你可以根据自己计算机的性能增加或减少采集的照片数量。

采集数据的程序只需要在程序4.2的基础上稍加修改即可，增加数据计数、图像保存和相关提示功能，得到程序4.3。

程序 4.3　采集数据

```python
1    import cv2
2    import os                              # os库用于操作文件夹
3
4    # 在程序文件夹下建立"Facedata"文件夹，准备存放人脸数据
5    if not os.path.exists("Facedata"):
6        os.mkdir("Facedata")
7
8    # 载入人脸检测模型
9    faceCascade = cv2.CascadeClassifier(
10       cv2.data.haarcascades+'haarcascade_frontalface_default.xml')
11
12   # 记录数据标签并提示
13   face_id = input('请输入序号：')
14   print('开始采集'+face_id+'号的人脸数据，请勿离开摄像头范围')
15
16   if not os.path.exists("Facedata/"+face_id):
17       os.mkdir("Facedata/"+face_id)
18
19   # 采集1500张照片数据
20   data_N = 1500
21   count = 0
22
23   # 开启摄像头
24   cap = cv2.VideoCapture(0)
25   if not cap.isOpened():
26       cap.open()
27   flag = cap.isOpened()
28
29   # 开始获取data_N张人脸数据
30   while count < data_N and flag:
31       flag, frame = cap.read()
```

```
32        k = cv2.waitKey(10)
33        if k == 27 or not flag:
34            break
35
36        # 转为灰度图片
37        gray = cv2.cvtColor(frame, cv2.COLOR_BGR2GRAY)
38
39        # 检测人脸
40        faces = faceCascade.detectMultiScale(gray, 1.2, 5,
41                                             minSize=(120, 120))
42        # 定位人脸
43        for (x, y, w, h) in faces:
44            cv2.rectangle(frame, (x, y), (x+w, y+w), (255, 0, 0))
45            # 保存图像
46            cv2.imwrite("./Facedata/" + face_id + '/' +
47                        str(count) + '.jpg', gray[y: y + h, x: x + w])
48            count = count + 1  # 计数
49        # 显示图像
50        cv2.imshow('face', frame)
51        # 显示采集进度
52        print("\r数据采集进度"+str(count)+'/'+str(data_N), end='')
53
54    if count == data_N:
55        print("\n数据采集完成")
56    else:
57        print("\n数据采集中断")
58    # 关闭摄像头
59    cap.release()
60    cv2.destroyAllWindows()
```

运行程序录入数据时，需要输入人员序号，从0开始计数。

采集数据时，注意尽量保证光照良好，不要歪头，转头的角度也不要太大。显示摄像头画面的窗口可能不会自动弹出，而是在后台打开，你需要在系统的任务栏中进行切换。不过后台运行不会影响数据采集。

程序运行后，回程序文件所在的文件夹中建立Facedata文件夹，并将脸部的灰度照片数据存储在Facedata下以相应序号命名的文件夹中。

如果你要录入多个人的脸部数据，只需要多次运行程序，并依次递增序号即可。试试把自己、爸爸、妈妈和好朋友的脸部数据都录入程序吧!

训练模型

有了数据，我们就可以训练人工智能，提取人脸特征，生成模型了。

我们需要依次读取每个人的人脸照片，并添加序号标签，然后使用OpenCV库中的LBPH人脸识别器算法训练模型，最终得到程序4.4。

这里我们再次用到numpy库。因为训练模型的函数（第38行）只接收numpy中专门的数据结构，所以我们需要使用numpy库中 array() 函数进行转换。

程序4.4　训练模型

```
1    import numpy as np
2    import os
3    import cv2
4
5    # 人脸数据路径
6    path = 'Facedata'
7
8    # 数据准备函数，在这里读取人脸数据并添加序号标签
9    def prepareData(path):
10       ID_Path = os.listdir(path)
```

```
11        faceSamples = []                # 用来存储人脸数据
12        ids = []                        # 用来存储每张人脸数据的ID序号标签
13
14        # 读取所有ID的人脸数据
15        for ID in ID_Path:
16            img_Paths = os.listdir(path + '/' + ID)
17
18            # 遍历每个ID的全部人脸数据
19            for img_name in img_Paths:
20
21                # 读取图像数据，并将其转换为灰度图像
22                img_path = path + '/' + ID + '/' + img_name
23                img = cv2.imread(img_path)
24                gray = cv2.cvtColor(img, cv2.COLOR_BGR2GRAY)
25                # 将数据和相应序号标签加入列表
26                faceSamples.Append(gray)
27                ids.Append(int(ID))
28
29        return faceSamples, ids
30
31 print('数据准备中，请耐心等待....')
32 faces, ids = prepareData(path)              # 准备数据
33
34 # 调用人脸识别器
35 recognizer = cv2.face.LBPHFaceRecognizer_create()
36
37 print('训练中，请耐心等待....')
38 recognizer.train(faces, np.array(ids))   # 训练模型
39
40 # 在程序文件夹下建立"face_trainer"文件夹，存放训练好的模型
41 if not os.path.exists("face_trainer"):
42     os.mkdir("face_trainer")
43 recognizer.write(r'./face_trainer/trainer.yml')
44 print("训练完成")
```

人脸识别

得到训练模型后，我们就可以进行人脸识别了。

加载刚才训练好的人脸识别模型，打开摄像头进行拍摄，将拍摄的人脸输入预测函数，就可以得到结果。预测函数会输出拍摄到的人脸最可能的序号（对应录入人脸数据时的序号），并大致给出可信度。程序4.5就是人脸识别的代码。

程序4.5的代码可用于对合影照片进行人脸识别：标注出合影中每一张检测出来的脸，并在人脸上方用红色字标记好这是我们之前采集数据时的几号，在下面用蓝色字注明大概的可信度。你需要把合影照片与程序文件保存在同一个文件夹中，并修改第15行中的图片文件名（'1.png'）。

你可以修改标注文字的颜色和大小。在第38行和第41行中，cv2.putText的最后3个参数分别是文字大小、(R,G,B)格式文字颜色、文字粗细。例如第38行的2，(255，0，0)，5表示文字大小为2，颜色为(255，0，0)也就是红色，粗细为5。

程序4.5　人脸识别合影

```
1    import cv2
2
3    print("载入模型")
4    # 调用人脸识别器
5    recognizer = cv2.face.LBPHFaceRecognizer_create()
6    # 加载训练好的人脸识别模型
7    recognizer.read('./face_trainer/trainer.yml')
8    # 加载人脸检测模型
9    faceCascade = cv2.CascadeClassifier(cv2.data.haarcascades
10                        + "haarcascade_frontalface_default.xml")
11
```

```
12    font = cv2.FONT_HERSHEY_SIMPLEX    # 设置字体
13
14  print("读取图片")
15  frame = cv2.imread('1.png')
16
17  print("开始识别")
18  # 转为灰度图片
19  gray = cv2.cvtColor(frame, cv2.COLOR_BGR2GRAY)
20
21  # 检测人脸
22  faces = faceCascade.detectMultiScale(gray, 1.2, 5,
23                                       minSize=(50, 50))
24  # 定位人脸
25  for (x, y, w, h) in faces:
26      cv2.rectangle(frame, (x, y), (x+w, y+w), (255, 0, 0))
27
28      # 识别人脸
29      ID, confidence = recognizer.predict(gray[y:y+h, x:x+w])
30
31      # 判断准确度
32      if confidence > 60:
33          ID = "Unknown"
34      else:
35          confidence = str(100 - confidence**2//100)+'%'
36      # 在图像上显示识别编号
37      cv2.putText(frame, str(ID), (x+5, y-5),
38                font, 2, (255, 0, 0), 5)
39      # 在图像上显示大概可信度
40      cv2.putText(frame, str(confidence), (x+5, y+h-5),
41                font, 2, (0, 0, 255), 5)
42  # 显示图像
43  cv2.imshow('camera', frame )
44  cv2.waitKey()
```

```
45
46  cv2.destroyAllWindows()
```

至此，我们一起完成了第一个人工智能编程项目。是不是没有想象中那么难？除了用来测试的程序4.1，这个人脸识别项目的完成代码由程序4.2、程序4.3和程序4.4的文件组成。我们只需要把它们放在同一个文件夹，依次执行即可。

不过，这只是最简单的人脸识别程序，它的准确度比较有限，功能也非常单一。相信随着未来的学习和探索，你一定能自己完成更加完善的人脸识别程序。

Python 写诗

夏日观雨

雷景濛烟霭，岚氛雾雨氲。晴暮风吹霁，漠霞霏融凝。

你知道上面这首诗是谁写的吗？它描绘了夏天小雨伴着雷声淅淅沥沥，终于在傍晚雨过天晴的景象。如果不是出现在这本书里，任你绞尽脑汁恐怕也猜不到它的作者是一段人工智能程序吧！

如果你看过著名科幻作家刘慈欣的小说《诗云》，一定会为故事中的想法所震撼——用整个太阳系建造超级计算机，写出天下所有的诗。

故事中的主角并没有成功，不过随着人工智能中自然语言处理技术的发展，这个想法似乎在渐渐变成现实。诗歌人工智能"九歌""诗三百"和"小冰"都已经创作出很多作品，其中有一些确实很不错。

你想不想亲手创造出一个能写诗的人工智能呢？下面我们就一起来完成能写诗的

简单人工智能。上面那首诗，就是用我们即将编写的人工智能程序创作出来的。

词向量算法和 gensim 库

如果要将自然语言交给机器学习中的算法来处理，一般来说首先需要将语言变成数学。词向量就是用来将语言中的词进行数学化的一种方式。

在我们说话、写文章的时候，每个词都不是独立出现的，而是互相之间有一定的联系。每一种文体、文风，使用的词语也会有一定的规律和特点。词向量算法就可以发现这种关系、规律，并用数学表示出来。

简单来说，在分析了大量文章、句子等语言资料之后，词向量算法可以计算出每一个词语在这种文体词语库中的位置。位置越近的词语，关系就越密切，越有可能一起出现。

通过这种数学方法，我们可以分析诗中词语间的关系，计算出与某个词语最搭配、最可能一起出现的另一个词语，进而组成诗句，最终写出一首诗。

为了使用词向量算法，我们需要一个新的第三方库 gensim。gensim 是一个在自然语言处理方面非常著名的开源库，简单易用，有多种功能。

通过 pip 命令或 Thonny 的包管理安装 gensim 库：

```
pip install gensim
```

但上面的方法在 Windows 系统下可能无法顺利完成，那么你需要采用下面的方法手动安装第三方库。

在安装之前，首先要确认你使用的 Python 版本。你可以用 Python 运行下面的代码，来查看 Python 版本。

```
1    import sys
2    print(sys.print(sys.version)
3    print(sys.version_info)
```

执行结果大致如下：

```
3.7.9 (tags/v3.7.9:13c94747c7, Aug 17 2020, 18:01:55) [MSC v.1900 32 bit (Intel)]
('32bit', 'WindowsPE')
```

其中，3.7.9就是Python的版本号，32 bit表示32位。你可以根据自己计算机上显示的结果来进行判断。

在Thonny的界面中，你还可以依次选择"帮助"→"关于Thonny"来查看，如图4-2所示。

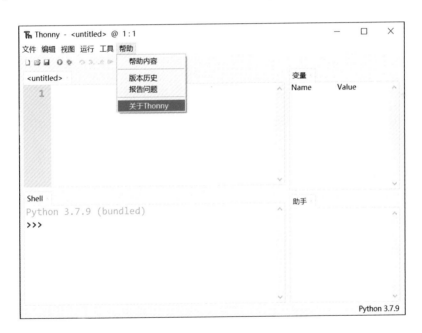

图4-2 "关于Thonny"菜单

例如，下面的内容说明Python版本是3.7.9（32位），如图4-3所示。

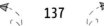

图4-3 查看Python版本

记住上面查到的这两个数字，然后查找Python第三方库gensim的网站，登录并下载与版本号对应的 whl文件。文件名中cp后的两个数字是版本号的前两个数字，比如版本号是3.7.9，就应该找 cp37。win后的数字代表多少位，图4-3中Python是32位，那么文件名中就是 win32。如果是64位，那么文件名中应该是 win_amd64，如图4-4所示。

```
                                        64位
gensim-4.0.1-cp37-cp37m-win_amd64.whl

gensim-4.0.1-cp37-cp37m-win32.whl
       Python 3.7.x            32位
```

图4-4 通过文件名找到对应版本

所以，对于版本为3.7.9（32位）的Python，应该选择 gensim-4.0.1-cp37-cp37m-win32.whl 进行下载。注意，下载时，请勿修改文件名。

下载完成后，打开存放whl的文件夹，记录路径。你可以把它放在一个易于查找的地方，比如D盘根目录，这样文件的完整路径就是d:/gensim-4.0.1-cp37-cp37m-win32.whl。

接下来，我们使用pip命令进行安装。不过这次不是从网络安装，而是安装刚才下载的whl文件，所以要把命令中的Python库名字替换成whl文件的完整路径。例如：

```
pip install d:/gensim-4.0.1-cp37-cp37m-win32.whl
```

一旦出现Successfully的提示，就说明已经安装成功了。如果安装不成功，一般是因为所下载的whl文件和安装的Python版本不匹配。

在Thonny中，你需要打开包管理，选择"从本地文件中安装"，如图4-5所示，然后找到刚才下载的whl文件。

图4-5　从包管理中选择"从本地文件中安装"

运行程序时，可能会弹出像下面这样的警告文字：

```
/Users/hetao/Library/Python/3.7/lib/Python/site-packages/gensim/
similarities/__init__.py:15: UserWarning: The gensim.similarities.
levenshtein submodule is disabled, because the optional Levenshtein
package <*****//pypi****/project/Python-Levenshtein/> is unavailable.
Install Levenhstein (e.g. 'pip install Python-Levenshtein') to suppress
this warning.
  warnings.warn(msg)
```

你可以忽略上述文字，但更好的方式是再安装 Python-Levenshtein 库：

```
pip install Python-Levenshtein
```

在 Windows 系统下，你同样需要用类似安装 gensim 库的方式手动安装。

获取语料

自然语言处理领域少不了用到大量的语料数据。语料也就是语言资料，无论是你和同学说的一句话，还是课本上的一篇文章、李白的一首诗，都可以成为语料。对于写诗人工智能来说，所需要的语料就是诗。

你可以通过爬虫技术从各种古诗网站爬取相关内容。爬取到的数据需要去掉作者、注释等和诗句本身无关的内容。

当然，你也可以直接从本书的配套电子资源网站下载已经整理好的古诗语料数据"古诗词.txt"。

训练模型

导入 gensim 库中的词向量算法 Word2Vec 后，设置好语料数据文件的路径和保存模型的路径。

接下来要做的是读取语料文件，并用列表形式储存每一句诗。由于古汉语、文言文用词精炼灵活，和现代汉语有不小的区别，因此对古诗进行分词和词性分析比较困难。为了方便起见，我们直接按照单字对古诗进行分词，并忽略词性分析。

读取全部语料后，你就可以将数据投入诗词词向量算法训练模型了。完整的程序如程序4.6所示。

程序4.6　诗词词向量算法训练模型

```
1     # 导入gensim的词向量算法
2     from gensim.models import Word2Vec
3
4     poem_path = '古诗词.txt'
5     model_path = 'word2vec'
6
7     poem_word=[]
8     print("读入语料数据")
9     with open(poem_path, encoding='utf-8') as f:
10        for line in f:
11            poem_word.Append(list(line.strip()))
12
13    # 模型训练和保存
14    print("开始训练模型，请等待")
15    model = Word2Vec(poem_word, window=12)
16    print("训练完成，保存模型")
17    model.save(model_path)
18    print("训练结束")
```

读取语料数据文件时（第9～11行），我们使用了新的Python语法：

```
9     with open(poem_path, encoding='utf-8') as f:
10        for line in f:
11            poem_word.Append(list(line.strip()))
```

open() 函数可以用于打开特定的文件。在默认情况下，它以只读模式打开文件，但是你也可以通过参数 mode = "w" 来把打开方式改变为"用于写入"。表4-1所示的是处理文本时常用的 mode 参数。

表4-1 处理文本时常用的 mode 参数

参数	作用
mode = "r"	以只读方式打开文件。这是默认模式，文件指针（相当于你在打字时的光标）将会放在文件的开头
mode = "r+"	打开一个文件用于读写。文件指针将会放在文件的开头
mode = "w"	打开一个文件只用于写入。如果该文件已存在，则打开文件，并从开头开始编辑，即原有内容会被删除；如果该文件不存在，创建新文件
mode = "w+"	打开一个文件用于读写。如果该文件已存在，则打开文件，并从开头开始编辑，即原有内容会被删除；如果该文件不存在，则创建新文件
mode = "a"	打开一个文件用于追加。如果该文件已存在，文件指针将会放在文件的结尾，即新的内容会被写入已有内容之后。如果该文件不存在，创建新文件进行写入
mode = "a+"	打开一个文件用于读写。如果该文件已存在，文件指针将会放在文件的结尾。文件打开时会是追加模式。如果该文件不存在，创建新文件用于读写

另外，通过 with……as f，我们将打开的文件在程序中表示为变量 f。for 循环会一行一行地从文件中读取内容，并将读取到的字符串转换为列表。line.strip() 可以去掉字符串前后的空格和换行。

程序中具体用于训练模型的一行代码是第15行，即

```
15    model = Word2Vec(poem_word, window=12)
```

在这里，我们用到了词向量算法的两个参数：第一个参数就是语料数据；第二个参数称为滑动窗口大小。对于某个词语，与它关系最密切的显然是同一个句子或相邻句子中的词，也就是上下文。隔着好几行甚至另一篇文章中的词，可能就没什么瓜葛了。也

就是说，在通过语料计算模型时，比较近的词之间的联系会更加密切。

那么，这个"近"的范围是多少呢？这里我们就用滑动窗口大小来定义。滑动窗口就好像我们在一张纸上挖了一个长条形状的洞，然后盖在诗上，那么我们只能看到洞里露出来的词语。很明显，它们都是相邻的。这个洞的大小就是上面代码中的 window 参数，它表示在计算时，需要考虑中心词前后的多少个词。

最终程序会生成名为 word2vec 的模型文件。

开始写诗

训练好后，我们就可以正式开始写诗了。

写诗程序的思路并不复杂。首先加载训练好的词向量模型，然后根据输入的标题，通过模型来预测相关字，组成诗句内容，并将更新后的诗句作为下一次预测的上下文输入预测函数。这样循环执行，逐字得到整首诗。由于写的诗是五言绝句，也就是每句5个字，一共4句。因此在诗句生成部分，我们用了两层循环，外层循环4次，内层循环5次。你也可以改成七言绝句（4句7个字），也就是外层循环4次，内层循环7次。完整代码如程序4.7所示，你也可以在配套资源网站上找到写好的程序文件。

程序4.7 根据词向量模型写诗

```
1   from gensim.models import Word2Vec   # 加载词向量算法
2   from random import choice             # 导入随机函数
3   from os.path import exists
4
5   model_path = 'word2vec'
6   window = 12   # 滑窗大小
7   topn = 14   # 生成诗词的开放度
8
```

```
9      #  加载训练好的词向量模型
10     if exists(model_path):
11         model = Word2Vec.load(model_path)
12     else:
13         print("没有找到模型")
14
15     #  输入作诗题目
16     title = input('输入标题: ').strip()
17
18     #  词句数据准备函数
19     def prepare(lst,p):
20         res = []
21         for t in lst:
22             if t[0] not in p:  # 如果诗中已经用过这个字，那么就排除候选
23                 res.Append(t[0])
24         return res
25
26     #  诗句生成
27     poem = list(title)
28     for i in range(4):                    # 共4句诗
29         for j in range(5):                # 每句5字
30             predict_chr = model.predict_output_word(
31                 poem[-window:], topn)
32             predict_chr = prepare(predict_chr, poem[len(title):])
33             char = choice(predict_chr)
34             poem.Append(char)
35         if i == 0 or i ==2:
36             poem.Append(', ')
37         else:
38             poem.Append('。')
39
40     poem = poem[len(title):]
41     poem = ''.join(poem)
42     print(poem)
```

在代码中，具体用于预测字词的是第30行和第31行的函数：

```
model.predict_output_word(poem[-window:], topn)
```

它有两个参数。第一个参数是用于预测上下文，这里同样需要考虑类似训练时的滑动窗口问题。由于诗句是逐字生成的，因此没有下文，只有上文。我们通过切片的方法来读取诗句字列表中的后window个元素（字）。如果列表中的字少于window个，就会读取整个列表。第二个参数topn用于预测生成多少个相关的候选字。

函数最后会得到topn个候选字，并给出每个字在当前上下文中出现的概率。每个候选字和它的概率组成一个元组，所有元组又组成一个列表。形式如下（以topn = 3为例）：

```
[('冰', 0.8683245), ('残', 0.050352804), ('腊', 0.020622773)]
```

如果总是选择最高概率的字，这样得到的诗就落入了俗套。因此我们只关注这里面的字，不关注概率。我们自己构建的词句数据准备函数prepare()可以将字单独提取出来，存放在列表中。另外，除非是高手不拘一格，古诗往往要求一字不重。prepare()函数就去除掉了前面已经使用过的字。

那么，到底选择哪个字呢？我们采取了一种简单偷懒的方式，那就是随机选择。这就要用到random库中的choice()函数。random是Python内置的标准库，不需要安装，它提供了很多和随机有关的功能。

在诗句生成过程中，根据奇数句还是偶数句，我们将标点符号也加入句子中。

最后，将诗句的正文部分通过切片取出来，连接成字符串，就可以输出了：

```
''.join(poem)
```

第41行代码的作用就是连接poem列表的每个元素。这里注意字符串的内容是空的，也就是两个单引号紧挨着，而不是中间有空格。

join()括号内的是要被连接的列表。前面的字符串表示用什么连接，也就是列表元素。就好像用锁扣将列表元素两两连接在一起，字符串就是锁扣的样子。使用空字符串就表示将列表元素直接连接。

如果是下面这样的代码，就会得到每两个字之间是 * 的诗句：

```
1    poem = ['海', '上', '升', '明', '月']
2    poem = '*'.join(poem)
3    print(poem)
```

输出结果如下：

海 * 上 * 升 * 明 * 月

如果你对诗歌有一定的研究，就会发现这样写出来的诗仅仅是样子看起来像诗。分析程序的原理就会知道，它只是把一堆相近的意象、字词简单地堆砌在一起，没有平仄，更没有考虑诗意。不过，至少我们已经向用人工智能写出真正的诗迈出了一小步。只要你继续学习探索人工智能，一定能改进程序，写出真正的诗。